U0484551

中国道路发展新理念系列丛书

智慧城市

中国式现代化·和谐发展之路

人民论坛 编

中国科学技术出版社
·北京·

图书在版编目（CIP）数据

智慧城市：中国式现代化·和谐发展之路 / 人民论坛编 . — 北京：中国科学技术出版社，2024.1
　ISBN 978-7-5236-0409-0

Ⅰ . ①智… Ⅱ . ①人… Ⅲ . ①现代化城市—城市建设—中国—文集 Ⅳ . ① F299.2-53

中国国家版本馆 CIP 数据核字（2023）第 242958 号

总　策　划	秦德继 周少敏		
策划编辑	申永刚　杜凡如　任长玉	责任编辑	杜凡如
封面设计	仙境设计	版式设计	蚂蚁设计
责任校对	张晓莉	责任印制	李晓霖

出　　版	中国科学技术出版社
发　　行	中国科学技术出版社有限公司发行部
地　　址	北京市海淀区中关村南大街 16 号
邮　　编	100081
发行电话	010-62173865
传　　真	010-62173081
网　　址	http://www.cspbooks.com.cn

开　　本	710mm×1000mm　1/16
字　　数	210 千字
印　　张	16.5
版　　次	2024 年 1 月第 1 版
印　　次	2024 年 1 月第 1 次印刷
印　　刷	北京盛通印刷股份有限公司
书　　号	ISBN 978-7-5236-0409-0/F·1196
定　　价	89.00 元

（凡购买本社图书，如有缺页、倒页、脱页者，本社发行部负责调换）

本书编纂组

编纂组成员：

彭国华　杨　轲　魏爱云　韩冰曦　魏　飞　王　克
李玮琦　罗　婷

鸣谢专家：（以姓氏笔画为序）

丁　钟　仇保兴　方世南　伍业钢　刘玲娜　孙永平
李百炼　李红勋　杨卫东　吴　旭　吴红列　吴建平
余永跃　汪香元　张　琦　张三保　张志学　张亨利
张应杭　陆　军　陈宇飞　林　立　林先华　钟书华
贺　超　秦　波　徐海辰　殷小勇　唐　燕　容　志
黄　健　盛阅春　谢坚钢

丛书序

人民论坛编纂组

习近平总书记在党的二十大报告中指出："改革开放和社会主义现代化建设深入推进，书写了经济快速发展和社会长期稳定两大奇迹新篇章，我国发展具备了更为坚实的物质基础、更为完善的制度保证，实现中华民族伟大复兴进入了不可逆转的历史进程。"伟大复兴历史进程何以不可逆转？中国特色社会主义道路何以越走越宽广？以中国式现代化全面推进中华民族伟大复兴的信心何以愈加坚定？除中国共产党的坚强领导、人民群众的力量源泉、深厚的文化底蕴等重要因素以外，对我国经济社会发展的理论逻辑、历史逻辑、现实逻辑的深刻认识和准确把握以及将科学的发展理念贯彻落实到经济社会发展可知可感的各个领域，也为实现中华民族伟大复兴提供更具体、更细致、更深入、更扎实的支撑。中国道路发展新理念系列丛书从智慧城市、科技创新、中国智造、数碳经济、乡村振兴五个方面切入，对和谐发展、创新发展、高质量发展、绿色发展、协调发展进行了系统研究与阐释。

推进智慧城市，走好和谐发展之路。党的二十大报告指出，"提高城市规划、建设、治理水平，加强城市基础设施建设，打造宜居、韧性、智慧城市。"党的十八大以来，我国深入推进以人为核心的新型城镇化，坚定不移走中国特色新型城镇化道路。国家发改委制定的《"十四五"新型城镇化实施方案》就推进新型城市建设做出专门部署，强调要坚持人民城市人民建、人民城市为人民，顺应城市发展新趋势，加快转变城市发展方式，建设宜居、韧性、创新、智慧、绿色、人文城市。深入推进以人为核心的新型城镇化是新时代党中央做出的战略决策，是新发展理念和以人民为中心的发展思想在城镇化实践中的具体体现，也是实现城市治理体系和治理能力现代化的现实需要。

推进科技创新，走好创新发展之路。党的二十大报告强调要"坚持创新在我国现代化建设全局中的核心地位"。抓创新就是抓发展，谋创新就是谋未来。不创新就要落后，创新慢了也要落后。从历史维度看，创新是大国迈向强国的"压舱石"。经过改革开放四十余年的持续投入和积累，我国已成为仅次于美国的世界第二大研发经费投入国。但中国科技创新水平与世界科技先进水平相比有所不足，与国际竞争及建成社会主义现代化强国的要求相比，仍存在一定的差距。基于创新的高水平自立自强是畅通国内大循环、确保中国在国际大循环优势地位的"动力源"，我国经济社会发展和民生改善比过去任何时候都更加需要科技解决方案，都更加需要增强创新这个"第一动力"。科技创新成为推进我国国家治理体系与治理能力现代化的原动力，成为在综合国力竞争中赢得主动的决定性因素，也为中华民族伟大复兴、中国梦的早日实现提供新助力。

推进中国智造，走好高质量发展之路。高质量发展是全面建设社会主义现代化国家的首要任务。推动经济高质量发展，重点在于推动产业结构转型升级，其中推动制造业转型升级是重中之重。改革开放四十余年来，中国制造业在总量和增速方面已然领跑全球，奠定了高质量发展的雄厚基础，但制造业的质量与发达国家相比尚有不足，尤其是发达国家的数字化进程与制造业转型的叠加优势不可小觑。制造业智能化是新一轮产业变革的核心内容，是我国制造业转型升级的主攻方向，也是建设制造强国的必由之路。从总体上看，我国智能制造发展正从初期的理念普及、试点示范阶段，迈向深入实施、全面推广阶段。制造业智能化带来了全新的制造生产方式、全新的生产组织方式、全新的技术基础和商业模式，这需要我国制造业在变革组织结构、突破物理边界以及对资本与劳动要素进行新的组合、构思和生产新的产品等方面破局制胜。

推进数碳经济，走好绿色发展之路。绿色发展是以效率、和谐、持续为目标的经济增长和社会发展方式。自工业革命以来，大国崛起的代价是经济迅猛发展必然带来的环境污染。继创造举世瞩目的经济增长奇迹后，新时代的中国做出了新的选择，即始终坚持将生态文明建设作为"国之大者"，以碳达峰、碳中和目标压力倒逼经济和能源结构调整，更在巩固农业经济初级整合式生产、工业经济精细化复杂批量生产技术和成果的基础上，向智能化、智慧化的数字经济进军。据工信部最新统计，我国数字经济规模超50.2万亿元，稳居世界第二，年均复合增长率达13.6%。在实现"十四五"时期发展目标和2035年远景目标的征程中，数字经济将会进一步渗透到国民经济的各个领域之中，推动产业数字化转型，提高全要素生产率，并在碳达峰、碳中和政策指引下与绿色经济协同融合发展，成为新时代经济社会发展新动能。

推进乡村振兴，走好协调发展之路。习近平总书记强调："全面建设社会主义现代化国家，最艰巨最繁重的任务仍然在农村。"农业强不强、农村美不美、农民富不富，决定着社会主义现代化的质量。共同富裕是社会主义的本质要求，协调发展的价值取向契合全体人民共同富裕的本质要求，是促进区域、城乡共同富裕的必由之路。改革开放以来，中国实现了"国富"和"部分先富"；党的十八大以来，以习近平同志为核心的党中央致力于实现"共富"。脱贫攻坚解决了绝对贫困问题，乡村振兴正在逐步解决相对贫困问题。"十四五"时期，我国"三农"工作进入全面推进乡村振兴、加快农业农村现代化的新发展阶段。在巩固拓展脱贫攻坚成果的基础上全面推进乡村振兴，正是为了不断增强发展的协调性、均衡性，在一个拥有14亿多人口的最大发展中国家实现共同富裕。

沿着中国式现代化道路，我们用几十年时间，走完了发达国家几百年走过的发展历程，已经拥有开启新征程、实现新的更高目标的雄厚物质基础，但面临的内外部风险也空前上升，需要在总结过去、把握现状基础上增强对强国时代未来发展的前瞻和规划。本系列丛书集结了100多位权威专家的重磅文章以及国家社会科学基金、国家杰出青年科学基金等重大项目课题成果，从战略、政策、理论、实践等层面对强国时代如何和谐发展、创新发展、高质量发展、绿色发展、协调发展进行系统分析与阐释，书中不乏精辟的分析、深度的解读、犀利的论断、科学的对策，相信能为广大读者提供思想启迪，助力中华民族在新征程中铸就新辉煌。

目 录

第一章　创新城市

国家创新型城市高水平发展差异化策略 / 钟书华 …………… 003
城市创新的重心下沉与组织微观化趋势 / 陆军 ……………… 015
以数字化构建城市治理新形态的台州实践 / 林先华 ………… 026
城市社会治理系统改革的新探索新经验
——温州市瓯海区基层治理全生命周期管理工作模式 / 张亨利 ……… 031

第二章　宜居城市

以精细化管理推动宜居城市高质量发展 / 张琦 ……………… 043
宜居城市生态环境构筑的美学理念与实践路径 / 张应杭 …… 055
现代田园城市建设的"太仓实践" / 汪香元 …………………… 065
宜居城市建设路径探索与思考
——建设国际一流和谐宜居之都的北京经验 / 唐燕　殷小勇 ………… 070
加快推动老年友好的宜居城市环境建设 / 秦波 ……………… 082
扎实推进长江大保护 提升城市宜居水平 / 方世南 …………… 086

第三章　智慧城市

智慧城市设计之困与生成机制——兼论三种系统论 / 仇保兴 ………… 095
智慧生态城市：内涵、架构与运行机理 / 李百炼　伍业钢 …… 103
智慧城市建设的核心理念与应然路向 / 吴建平 ……………… 116
高水平网络大城市建设的实践探索 / 盛阅春 ………………… 124

第四章　韧性城市

我国城市韧性治理现状分析与完善策略 / 容志 …………………… 131

气候变化背景下韧性城市建设的意义与路径 / 孙永平　刘玲娜 …… 143

城市社会韧性提升的实践方向——温州经验及其启示 / 张志学　张三保… 152

关于韧性城市建设的探索与思考 / 林立 ………………………… 163

第五章　人文城市

新型城镇化视角下人文城市建设理路 / 陈宇飞 ………………… 171

中国特色人文城市的价值追求与实践启示

——以杭州塑造城市人文精神为例 / 黄健 ……………………… 185

践行人民城市理念 夯实人民健康基石

——上海市杨浦区打造"社区健康师"项目推动人文城市建设 / 谢坚钢… 198

第六章　绿色城市

共同富裕背景下的绿色城市建设：内涵与路径 / 吴红列　吴旭 ……… 205

中国"绿都"综合评价体系构建的逻辑与实践 / 李红勋　贺超 ……… 216

忠实践行绿水青山就是金山银山的理念，

奋力推进生态宜居城市建设安吉实践 / 杨卫东 ………………… 228

坚持以人为核心 推进新型城镇化发展 / 余永跃　徐海辰 ………… 233

培育和壮大新型农业经营主体，推动新型城镇化发展 / 余永跃　丁钟… 237

探索中国特色绿色城市发展之路

——杭州创建绿色城市的理论意义与启示 / 黄健 ……………… 242

第一章

创新城市

　　创新决定城市未来，创新引领未来城市。建设创新型城市是加快实施创新驱动发展战略，破解城市经济社会发展系列问题，完善城市创新发展内涵和理念，完善国家创新体系和构建创新型国家核心支点的重要举措。应因地制宜探索我国城市创新发展路径，建设具有强大带动力的创新型城市和区域创新中心，有力支撑创新型国家建设。

国家创新型城市高水平发展差异化策略

钟书华

华中科技大学马克思主义学院教授

国家创新型城市试点对推进相关授牌城市的创新驱动发展和创新治理发挥了积极作用。可根据实际情况将国家创新型城市分为两大部分。第一部分包括北京、上海、天津、重庆4个"特别国家创新型城市",加上深圳、杭州等排名前10强,共计14个城市,第二部分包括众多地级市国家创新型城市,共计64个城市。推进"4+10"国家创新型城市的高水平发展,应将国家创新型城市发展与国家科技创新中心建设或区域科技创新中心建设进行深度融合,大力培育、发展创新集群。推进64个国家创新型城市的高水平发展,应实施智慧专业化战略,坚持创新驱动发展,大力构建良好的创新生态。

根据中国科技信息研究所发布的《国家创新型城市创新能力评价报告2021》显示,目前,科技部、国家发展改革委共支持78个城市创建国家创新型城市试点。新时代，推进国家创新型城市高水平发展，对建设科技强国，实现高水平科技自立自强，具有重要的战略意义。

▶ 国家创新型城市、"政府授牌"与高水平发展

2008年，国家发改委批准将深圳列为全国第一个创建国家创新型城市试点，经过不断布局试点进行探索，2016年12月，科技部、国家发改委正式发布《建设创新型城市工作指引》，引导全国开展创新型城市建设。

在公共管理学看来，政府部门批准特定城市成为国家创新型城市，本质上是一种"政府授牌"，是一种政府城市治理的政策工具。

近几十年来，"政府授牌"在推动地方发展中普遍应用。如"国家中心城市""国家区域中心城市""国家高新技术产业开发区""国家综合改革配套试验区""国家大数据综合试验区""国家生态文明试验区""国家重点开发开放试验区""国家城乡融合试验区""国家数字经济创新发展试验区""国家农业开放发展综合研究区"等。"政府授牌"的政策效用表现为：对"授牌"区域发展业绩的认可，对"授牌"区域未来发展目标的期望，对未"授牌"同类区域的鞭策。"政府授牌"者希望通过构建"争授牌"机制，调动区域发展积极性；"被授牌"者则希望通过"授牌"获得上级政府的优惠政策，享受更多的资源配置利益，同时使区域发展业绩得到彰显，得到主管部门肯定。

从开始授牌国家创新型城市到现在，政府部门共批准了78个创新型城市，并定期对所有创新型城市进行排名。国家创新型城市对推进授牌城市的

创新驱动发展和创新治理发挥了积极作用。如：在国家创新型城市排名中位于前列的深圳、杭州、广州、南京、苏州、武汉等城市，已成为我国创新成果涌现区和著名的人才高地。

需要注意的是，国家创新型城市授牌应控制数量。"政府授牌"的象征价值、荣誉价值和导向价值取决于稀缺性。过多地授牌必然会稀释国家创新型城市的象征价值、荣誉价值和导向价值，实际上，已有这方面端倪。如中西部一个普通的地级市，与深圳、杭州同为国家创新型城市，这样就模糊了辨识标准，弱化了"政府授牌"的政策效用。

国家创新型城市是我国战略科技力量的空间存在方式。推进国家创新型城市高水平发展，是新时代实施"创新驱动发展"国家战略的客观需要。国家创新型城市高水平发展，就是要凝聚创新资源，增加科技投入，构建高效的创新治理体系；就是要推动城市与国内外著名高校、科研院所和大型企业的合作与交流，在城市形成新型产学研创新联合体；就是要强化城市战略科技力量，形成具有区域乃至国际竞争力的开放创新生态，为国家高水平科技自立自强，为建设科技强国做出城市的贡献。

国家创新型城市高水平发展，应根据我国科技领域重点发展方向，针对美国的科技遏制，推进在关键领域进行重大科技创新。可从人工智能、大数据、量子信息、半导体、集成电路、5G、先进核技术、航空航天技术、基因与生物技术、基础材料等领域发力；可根据不同专题中需要解决的重要科学问题和技术问题，发挥城市创新优势，通过规划设计和科研生态构建相结合，融合前沿的专业知识和技术，采用"揭榜挂帅"，按专项进行科技攻关、成果转化和产业化。

国家创新型城市高水平发展，应坚持科技是第一生产力、人才是第一资源、创新是第一动力；应完善人才战略布局，将城市建设成为区域乃至世界重要人才中心和创新高地，形成人才竞争的比较优势；应推进科研管理体制改革，积极为人才松绑，进一步完善人才管理制度，做到人才为本、信任人才、尊重人才、善待人才、包容人才；应推进人才评价体制改革，鼓励人才在不同领域、不同岗位做出贡献，追求卓越；应推进科技奖励体制改革，突出价值导向，鼓励科技人才围绕"四个面向"进行深入研究，取得创新成果，服务社会；应推进收入分配体制改革，激发科技人才创新创业积极性。

▶ 推进"4+10"国家创新型城市的高水平发展

在政府部门批准的 78 个国家创新型城市中，有的行政级别是副省级，但多数是地级市。若按创新能力和创新治理水平，北京、上海、天津、重庆四个中央直辖市完全达到国家创新型城市标准。而如果以行政级别"一刀切"确定国家创新型城市范围，而不考虑城市体量、实力和完整性，有些不合理。如北京、上海仅仅因为行政级别是省级，而不符合国家创新型城市标准；又如重庆，因为是中央直辖市，则失去了被评为国家创新型城市的机会。至于在四个中央直辖市中分别选一个区来参评国家创新型城市，这一做法显然割离了城市的整体性，也与社会对城市的一般认知不符。

显然，在国家创新型城市建设中，不能因为行政级别而排除北京、上海、天津和重庆，否则，就不符合实际，也有悖于社会认知。因此，可以"特别国家创新型城市"名义纳入北京、上海、天津、重庆，整体谋划国家创新型城市建设。

中国科技信息研究所的国家创新型城市评价报告显示，2021年国家创新型城市前10强依次为深圳、杭州、广州、南京、苏州、武汉、西安、长沙、合肥、青岛。北京、上海、天津、重庆四个"特别国家创新型城市"加上"前10强"，共计14个城市。"4+10"代表了我国国家创新型城市的精华，是名副其实的"国之重城"。

这里以"中国十大科技进展"和国家高等级科技奖励两组数据（图1-1），来说明"4+10"在国家创新系统中的地位和作用。

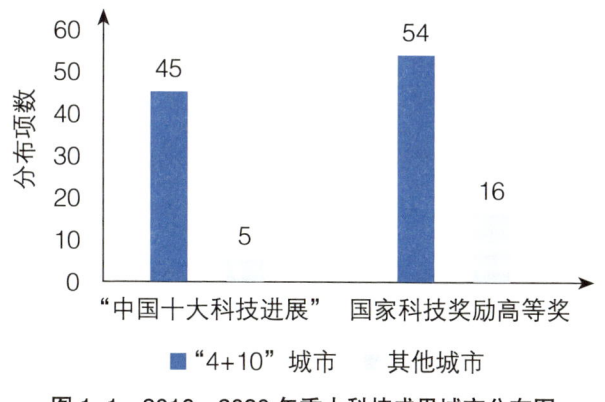

图1-1 2016—2020年重大科技成果城市分布图

"中国十大科技进展"由中国科学院、中国工程院主办，由两院院士、"973计划"顾问组和咨询组专家、"973计划"项目首席科学家、国家重点实验室主任等专家学者投票选出。"中国十大科技进展"代表了我国一年中最顶尖的科研成果。通过对2016—2020年入选项目的主要完成单位的区域分布进行分析，发现在5年间50个入选项目中，共有45个项目的主要完成单位分布于"4+10"城市，占比为90%。

国家科技奖励特等奖和国家科技奖励一等奖项目，主要奖励在理论、技术和应用领域具有重大突破的科研成果。通过对 2016—2020 年授予的 70 项国家科技奖励高等奖项目的城市进行分析，发现在 5 年间共计 70 个授予项目中，共有 54 个项目的主要完成单位分布于"4+10"城市，占比为 77.1%。

当前，推进"4+10"国家创新型城市的高水平发展，有两个重要方向。

第一个方向，将国家创新型城市发展与国家科技创新中心建设或区域科技创新中心建设进行深度融合。北京、上海、合肥、深圳、武汉，已被批准建设国家科技创新中心，五个城市应充分发挥"国家创新型城市"与"国家科技创新中心"叠加建设发展的优势条件，以"国家创新型城市"的良好基础条件加快"国家科技创新中心"建设，以"国家科技创新中心"发展提升"国家创新型城市"水平。其他 9 个城市，能争取"国家科技创新中心"试点建设更好；若不能，则可争取"区域科技创新中心"试点建设。

第二个方向，培育、发展创新集群。创新集群是一种快速增长的技术经济体系，除具有一般产业集群的竞争优势之外，创新集群的最大竞争优势是拥有自主知识产权的新产品，创新集群通过不断创新，不断以新产品占领市场，扩大市场份额，不断增加专利转让获得收益，从而推动集群发展。可通过强化企业研发力量，让产业集群升级为创新集群；也可通过技术转让和技术成果产业化，来培育新的创新集群。在排在前列的国家创新型城市中，应当有 3 个以上具有一定国际竞争优势的创新集群。

应当指出，"4+10"国家创新型城市只是一个近似描述。由于排名"前10 强"的城市可能每年都不一样，特别是位于 8~12 名的城市，每年位次可能都有变化。但这种位次变化通常在 8~12 名。因此，对"4+10"国家创新型城市的发展论述，同样适合排名位于 11~12 名的城市。

推进 64 个国家创新型城市的高水平发展

在资源凝聚、创新活动和创新治理方面,排名"前 10 强"之后的 64 个城市与"4+10"城市差距很大,甚至某些发展指标不在一个数量级。因此,这些城市不宜模仿"4+10"城市的发展模式,应根据自己实际,探索一条独立的高水平创新驱动发展之路。

实施智慧专业化战略

在经济合作与发展组织(OECD)的倡导下,许多国家将"智慧专业化"作为创新驱动发展的战略模式。OECD 认为,智慧专业化战略通过创新投资政策直接影响区域经济、科学和技术专业化发展,为提升区域生产力和竞争力提供方向引领。

我国 64 个创新型城市可借鉴国际经验,通过实施智慧专业化战略,实现高水平发展。实施智慧专业化战略,就是强调区域经济发展的"智慧化",通过增加投入,支持区域独立的研发活动,借助研发的新产品、新工艺、新材料或新服务,形成区域经济新的增长点。实施智慧专业化战略,就是强调区域产业发展的专业化。在经济全球化背景下,区域只能在有限领域发展产业。区域应在科技创新基础上,针对细分市场,实行产业发展专业化。这就是所谓的"有所为而有所不为"。实施智慧专业化战略,就是强调区域企业具有市场竞争优势。在市场经济中,充满各种发展竞争。区域企业生产什么不重要,重要的是企业生产什么才具有市场优势。而企业只有依托研发成果，通过专业化生产，才能获得市场竞争优势。

▶ 创新驱动发展

在创新型城市建设中，应坚定不移依靠科技创新，攻坚、发展战略性新兴产业；应用科技创新成果支持农业，推进传统农业现代化。在这方面，浙江宁波是一个典型案例。

在战略规划方面，宁波制定了"科技创新2025"重大专项，聚焦细分领域，以突破产业重大关键核心技术，开发重大战略产品（服务），引领、支撑产业转型升级的重大科技创新专项计划。"科技创新2025"重大专项将成为未来几年宁波科技创新工作的主战场。

在项目实施方面，宁波企业牵头承担较多的科技攻关项目。其中，吉利汽车承担了智能混合动力整车域控制器平台开发，江丰电子承担了大规模集成电路用超高纯铜材制备技术的研究，宁波韵升电子承担了细颗粒软磁粉体材料的研发及产业化。此外，宁波多家产业研究院也在技术攻坚战中发挥了主力作用，如中科院宁波材料所承担的8项技术研发项目，涉及先进材料、新能源汽车、机器人与高端装备等领域。

在科技兴农方面，宁波围绕种业强市、粮食安全、生态安全及共富乡村等目标，系统部署现代种业、绿色高效农业、农业生物制造、食品安全与营养健康、智能农机装备及美丽乡村治理技术研发，加快推动科技创新成果赋能农产品稳产保供、产业集群培育、产业链融合，不断提高农业质量效益与竞争力。

▶ 构建良好创新生态

可通过深化科技体制改革，激发科技人员和科研机构创新的积极性，构建一种适宜创新活动的科研环境。

在江苏常州，政府提出了深化科技服务的深入排查问题清单、分类完善政策清单、集成服务共享清单、提速提效减负清单。以"四大清单"构建的科技服务机制为抓手，常州强化品牌思维、用户思维，聚焦企业"急难愁盼"和政策落实中的堵点、难点问题，深入梳理国家、省、市科技创新政策，全面完善地方配套政策体系，明确政策核心条款清单，优化政策落实流程，加强政策宣传解读和评估监督，促进政策有效落地和执行，不断提高政策知晓率、服务满意度和企业获得感。

在广东东莞，市财政局每年从市科技局切块管理的"科技东莞"工程专项资金中安排资金用于支持新型研发机构发展，对绩效考核合格及以上的新型研发机构，按"就高不就低"的原则予以奖励。对新型研发机构绩效考核优秀和良好的，市财政局年度考核分别给予最高不超过500万元和300万元支持。对新型研发机构创办或引进孵化的企业落地社区并经营三年以上的，按照企业前三年租金支出，市财政局给予每家新型研发机构最高不超过50%（且不超过100万元）的奖励。对新型研发机构运营的国家级科技孵化器年度评价结果为A级的，每运营一家，市财政局给予机构最高不超过30万元奖励。

▶ 加快新时代科技强国建设的空间布局

针对我国现状，科技强国建设可分为学科领域发展、科技组织结构优化和科技活动空间布局。科技领域发展需要依托科技组织，而科技组织总是分布在特定的空间。因此，科技强国建设的重要内容之一是进行科技活动的国家空间布局。

北京、上海、天津、重庆和国家创新型城市"前10强"，是我国科技资源最丰富、科研力量最强、科技产出最多的城市，"4+10"城市可表征我国战略科技力量的空间布局。

"4+10"中有10个城市集中分布在环渤海、长江流域和珠江三角洲。三大区域也是被批准的国家科技创新中心、国家实验室所在区，以及我国教育、经济的发达地区。这意味着，三大区域是科技强国的承重区。三大区域的创新型城市建设决定了科技强国建设速度、力度和高度。至于西安和青岛，尽管位于国家创新型城市前10强，但具有空间孤立性，短期内不具有高水平城市集群特征。

东北、西南、西北（陕西除外）没有一个"前10强"城市，这反映了我国科技发展水平的空间差异。导致这种空间差异有历史原因，也有地理区位原因，更有二者派生的其他原因。短时期这种空间差异难以根本改变，但可通过政策支持，逐渐缩小空间差异。当前，可针对这些区域科技发展实际，选择一些优势领域，如荒漠化改造治理、冻土区工程建设、喀斯特生态修复、观测天文学、大数据管理等，高标准升级或新建国家实验室，以此带动这些区域的科技高水平发展。

在科技部、国家发展改革委支持的78个国家创新型城市中，减去"前

10强",剩68个;再减去北京市海淀区、上海市杨浦区、天津市滨海新区、重庆市沙坪坝区4个直辖市城区,最后剩64个。由表1-1可见,江苏的创新型城市最多,64个中就占了9个,如果再加上"前10强"中的南京和苏州,整体数量达到11个。江苏是我国创新型城市建设的先进省、标杆省,江苏的经验值得总结和推广。江苏、山东、浙江占了64个创新型城市的20个,三个省的经济发展水平也排在全国前列。这表明,通过创新驱动发展,以创新型城市建设带动经济发展是城市发展的理性选择。

表1-1 64个创新型城市分布表

省份	城市	省份	城市
江苏省	无锡、常州、镇江、南通、扬州、泰州、徐州、盐城、连云港	湖北省	襄阳、宜昌
山东省	青岛、济南、烟台、潍坊、东营、济宁	贵州省	贵阳、遵义
浙江省	嘉兴、湖州、绍兴、金华、宁波	广东省	东莞、佛山
新疆维吾尔自治区	乌鲁木齐、昌吉、石河子	安徽省	芜湖、马鞍山
江西省	南昌、景德镇、萍乡	西藏自治区	拉萨
河南省	郑州、洛阳、南阳	四川省	成都
河北省	石家庄、秦皇岛、唐山	山西省	太原
福建省	福州、泉州、龙岩	青海省	西宁
云南省	昆明、玉溪	宁夏回族自治区	银川
陕西省	宝鸡、汉中	黑龙江省	哈尔滨
内蒙古自治区	呼和浩特、包头	海南省	海口
辽宁省	大连、沈阳	广西壮族自治区	南宁
吉林省	长春、吉林	甘肃省	兰州
湖南省	株洲、衡阳		

在我国东南沿海、东北、中部和西南地区，需要深度推进创新驱动发展战略，国家应予以政策支持。可通过加大"专精特新"企业支持力度，引导创新型企业增加研发投入，支持市场导向的创新服务发展，配置一些大项目等，为这些地区创造新的发展机遇，增强科技实力，加快科技高水平发展。

参考文献

［1］国家统计局社会科技和文化产业统计司，科学技术部战略规划司，中国科学技术统计年鉴（2016—2020）[M]. 北京：中国统计出版社，2020.

［2］沈婕，钟书华. 智慧专业化：区域创新战略的理性选择[J]. 科技管理研究，2017（23）:10–22.

城市创新的重心下沉与组织微观化趋势

陆军

北京大学政府管理学院教授、副院长

创新是城市发展动力和城市社会活力的源泉。进入 21 世纪以来,历经信息、技术、交通和能源等领域的多次重大技术进步与变革,城市自身的发展模式,以及创新驱动和支撑城市运行发展的作用机制都发生了根本性演变。基于国际代表性城市创新组织演进的研究与实践,并在创新孕育与传播机制的基础上,通过简要归纳城市层级创新的重心下沉和组织模式演变趋势,可以遴选出众创空间、创新街区和生活实验室三种典型城市创新组织并进行案例分析,以期为我国城市创新发展提供现实借鉴。

▶ 城市创新形成与演变的决定因素

科技创新是一个阶段性产物和系统性工程,创新的孕育、形成和演变必然受到多元、多层和多类因素的综合影响。在经济意义上，本地化知识网络和新型产业组织是其中两个重要的核心决定因素。

▶ 本地化知识网络

本地化知识及其网络是产生创新的根本动因。主体内部的创新来源通过自主研发产生了本地化知识。由于隐性知识的交流和传播需要知识主体间具有地理邻近性，因此，知识会在空间上集聚，呈现出知识的本地性和区域集聚特征。在创新发明方面，新经济推动了生产系统的复杂化和社会生产弹性分工，加快了社会生产组织重构，城市层面的创新空间组织出现显著的微观化趋势，一改以往例如美国硅谷、北卡罗来纳研究三角等主要在郊区办公、园区集聚的传统路径，转而在大都市中心城区及其内部街区进行集聚。

▶ 新产业组织模式

随着制造业比重下降，城市产业在组织结构上，开始呈现规模逐步减小、单位产值不断升高等一系列重要变化，例如，小型化的创意产业、高科技产业、先进制造业、生产性服务业中的高端部分和企业的研发与管理部门等新型产业部门逐渐占据主导地位。在从业人群上，新兴产业主要包括接受高等教育、相对收入更高的人群；而且在空间上逐渐放弃了郊区型的产业园区，向中心城区转移，相继形成了多种创新空间，如城市内部的创新街区、未来社区等。

创新型产业与城市的结合产生了两个密不可分的重要特征：一是新兴产业的规模较小、绿色环保、不产生噪声和污染，与城市其他功能的空间结合非常灵活，不会对城区空间进行结构性冲击。许凯等认为，这类产业单位的高收入能够支付更多租金，可承担选址于城市中心区的高成本。二是这些创新型产业通常在空间上以集群的形式存在，信息技术的发展、高素质劳动力的可获得性、城市基础设施和公共服务的多样化和高质量供给导致创新型产业可在更加微观的空间层面上，进行跨部门联系、知识传递，从而在降低劳动交易成本的同时推动创新要素传播。20世纪80年代以来，人文主义和结构主义学者提出对产业区位的分析也要注重动态性，经济因素与社会、文化等因素是相互作用的，坚持宽松的、情境性的假设条件，并认为信息化和知识经济促成了区位因子的软化、区位选择范围的全球化、区位主体的虚拟化和组织结构的松散化等趋势。

▶ 城市创新重心和组织重塑的现实条件

开放、包容的社会创新条件，促进了创新范式发生转变。自20世纪70年代开始，以美国为代表的经济发展呈现出由"管理型经济"向"创业型经济"的范式转变，其特征包括：新增就业主要由中小型的初创企业创造；新创建的企业目标明确，创业精神和创新意识强烈；社会创新成为引导社会转变和经济进步的重要动力。按照社会创新的组织要求，应充分利用各类资源，并通过赋予资源新的用途，充分实现最大化的社会效益。因此，实现有效的社会管理，解决现存的社会问题，充分满足各类社会组织的发展需求，已经成为城市创新发展的前提条件。

创新机制由实体联动转向要素流动和网络合作模式。进入信息化和"知识经济"时代后，一方面创新成为驱动社会经济可持续增长的动力源泉和关键因素，另一方面经济地理的联系方式、要素市场的组织模式等均发生变化，重塑了城市创新的空间尺度和空间组织模式。罗思韦尔（Rothwell）指出，创新过程逐渐从"技术推进""需求拉动""双向耦合""交互融合"等众多模式转变为以"合作网络"模式为主。在该模式下，城市产业链进一步深化，劳动力分工体系进一步细化，创新资源要素的流动更加密集。巴兰（Balland）认为，创新网络上创新要素流动共享、创新主体协同合作、创新成果转化利用的重要载体和有效途径，将成为理解创新过程的重要视角。

信息技术的时空压缩效应，弱化了地理邻近性的创新传播作用。互联网的普及和信息技术进步，可通过新技术做到实时的点对点传播，不仅极大地促进了远程、跨地区乃至跨国的信息交流效率，提高城市经济和社会运行的灵活性，还可以进一步改善知识传播与共享的组织架构和时空模式，使得各类要素信息更加扁平化。波斯玛（Boschma）指出，由于信息传播模式的改变，地理空间的邻近性在创新传播中所发挥的作用更加弱化。

数字化技术创新衍生出了一系列创新组织形式。一方面，人工智能、大数据、区块链、虚拟制造技术等数字化技术拓宽了原来知识网络的边界，并在动态情境中重新定义了创新价值；另一方面，数字化技术的可计算性打破了空间、地理、社会技术的局限，降低了知识获取的时间和难度，衍生出虚拟团队、开放式创新论坛和众包模式等一系列新的组织形式，构成了知识网络，极大增强了创新主体跟踪知识流动和有效获取专业知识的能力。

全球新冠病毒肺炎疫情催生了远程工作模式。疫情蔓延推动形成了居家线上视频、非现场办公等新型工作模式，创造了一个规模不断增长的具有高度流动需求和意愿的"数字游牧民"（digital nomads）的新型就业、流动职业的阶层群体。据后台服务提供商 MBO Partners 的一项估计，2019—2021 年，美国数字游牧民数量达到 1550 万，增加了 1 倍多。为了吸引新就业人群的青睐，各地政府的诸如"Zoom 远程办公城镇"（Zoom towns）"工作环球旅行者签证""游牧数字居留计划""远程初创项目开发""免费的联合办公空间"等项目应运而生，并削弱了传统中心区和 CBD 的城市就业中心优势，导致要素、就业和消费出现横向流动、分散下沉的趋势。

基于当前社会环境、技术支撑与制度变革方面的综合条件，世界城市创新领域已经呈现出以下典型性的变化趋势：第一，在影响机制上，地理邻近性对城市创新形成与扩散的驱动效应逐步下降，非地理邻近性的作用日益显著。第二，在空间布局上，大型郊区生产办公型单体园区集聚的方式逐步式微，城市创新出现微观化趋势，社区、街区、城区内部成为新兴创新空间。第三，在组织系统上，城市研发与创新活动将由单一企业或社会组织主体为主导，转向更加开放和多元化的多主体参与、要素流动和网络协同合作为主的模式。第四，在社会条件上，城市创新范式出现重大转变，开放性、包容性和多元化的社会环境与社会载体的创新激励作用日益显著。总之，协同开放的创新范式从根本上打破了传统城市创新领域的制度约束、社会藩篱和技术短板等诸多"高墙"限制，通过企业、研发机构、高校等多主体的开放互动，城市层面的创新空间展现出组织微观化的趋势。此外，大众参与、重心下沉、网络化、多样性的新型特征和未来趋势日渐明显。

城市创新重心和组织演变的典型模式

创新街区：城市创新的重心下沉

2014年，美国布鲁金斯学会首次提出"创新街区"（Innovation Districts）的概念，指研发机构、企业集群、创业企业、孵化器及中介机构等城市创新主体，通过集聚形成创新发展、生产生活一体化的新经济空间。创新型企业向中心城区特定街区集聚的核心目的在于通过更多"知识型员工"（knowledge workers）的聚集来吸引高技术企业入驻，推动知识型员工间的创新思想交流，提供丰富多元的街区化、社区化的城市生活。

创新街区具有以下基本特质：第一，具备复杂性、高密度、文化与人口结构多样性。第二，具有高度综合的产业和非产业功能。创新街区既包括产业功能，也包括住宅、商业、文化和服务业等非产业功能。同时，街区也具有发达的交通网络设施以进行沟通交流。第三，创新街区是高密度的城市化区域，其建筑通常为高层建筑，建筑密度较高，拥有足量的公共空间。第四，具备功能混合、文化多元、服务社会化、布局紧凑、联系网络化等特征。在组成上，创新街区通常包括"街区会客厅"、公共创新中心、多元文化空间、创新设施、联合办公空间、公共会议空间、社交聚会空间和技术创新生态系统等功能设施。

作为新近崛起的国际互联网和移动信息技术中心高地，纽约市曼哈顿下城区的硅巷（Silicon Alley）成为创新街区实践的典型例证（表1-2）。

表 1-2　硅巷发展举措的成本收益分析

发展举措	降低成本	提升收益
政府推动	减免商业房地产租金税收；能源优惠计划；老旧管线升级；建造高速光纤网络	政府与私营部门搭建公私合作伙伴关系；推出更多可租售商业和办公地产；数据公开法案；加强室内移动信号建设
市场选择	提供多样化、高素质的创新人才；风险投资资源丰富，融资成本低；提供创新孵化服务	拥有成熟的科技创新生态体系和有效的创新产业互助系统；接近创新产业的主要市场和资金来源

以税收优惠和资金融通吸引创新企业集聚。第一，推行税收优惠。为解决纽约市税负相对较高的问题，20世纪90年代，市政府推出了系列减税政策，如房地产税减征五年计划（前3年减50%，第4年减33.3%，第5年减16.7%）；减免商业房产租金税收（前3年商业房租税金全免，第4年减免2.7%，第5年减免3.3%）；曼哈顿能源优惠计划；生物技术税收抵扣政策，生物领域的小型初创企业购买相关设备时最高可减免税费25万美元。2014年，政府发起了创业纽约计划（Startup New York），为新设立的中小型企业提供全额税收减免。第二，靠近市场和资金来源地。纽约市具有丰富的创新产业客户群和资金来源，创新型企业和创新主体拥有更加广泛、多样化的目标市场和战略伙伴选择。2010年，纽约市长提出将纽约打造成新一代的科技中心，并提供丰富的土地和资金资源吸引更多高科技院校与研究所落户，形成了纽约创新资源提升与创新产业市场扩大的正向循环。第三，实施"数字化纽约计划"。改造老旧设施，安装并升级为可进行高速信息与数据传输的光纤线路。

通过人才吸引和伙伴合作关系提高创新型企业发展预期。第一，拥有雄厚的高素质创新人才队伍。纽约市内拥有哥伦比亚大学、纽约大学等高等教育机构和多个研究型机构，为创新型产业提供了较多高素质人才，在很大程度上吸引了更多创新型公司入驻纽约。第二，政府与产业结成公私合作伙伴关系。为吸引更多创新型产业入驻硅巷，1997年，纽约市政府与市内商业房产业主们结成公私合作伙伴关系，建设并面向市场租售硅巷区域内已安装高速互联网的总面积为1.1万平方米的办公类房产。2000年，纽约市政府成立新媒体理事会，以更好处理硅巷等相关城市创新街区事务。第三，纽约市借助科技大会和科技产业组织，来协调企业和投资者关系，从而建立了成熟的创新创业体系和科技产业生态环境，纽约市成为2007—2013年美国风险投资交易数量唯一增加的城市。

众创空间：城市创新的开放式网络

本质上，众创（Crowning Innovation）是知识社会中开放式创新成熟深化的结果，通常合作创新的网络边界和大众创新能力将不断增强。众创包含了两个核心过程：一是创新主体基于兴趣、利基市场、价值实现等动机，在实体或虚拟经济中积极从事创新活动，创造、展示或出售创新成果；二是企业创新主体积极搜寻、创造和获取创新成果并加以利用。众创空间是为创新活动提供创意想法分享、创新相关工具资源、创新孵化服务等的城市内开放性场所，城市政府通过出资建设众创空间，促进创新主体的近距离深度想法交流，实现创新扩散。

2010年左右，纽约市政府的相关科创政策是众创空间的典型案例。金融危机爆发后，纽约市意识到城市不能仅以金融作为支柱产业，应将创新视为纽约发展的重要驱动力和城市转型机遇。纽约市政府陆续发布了《多元化城市：纽约经济多样化项目》和《一个新的纽约市：2014—2025》等政策计划，提出将纽约建成新一代科技创新之都，建立众创空间、促进创新扩散是其中的关键举措。具体而言，纽约建立众创空间的核心举措包括：

第一，提供充足的创新发展环境和空间。纽约市投资1亿美元创立世界级的应用科学园区，做好学界和业界的联系沟通，促进生物工程的创新、研究和合作。针对小企业和普通民众，纽约市投资建设多个孵化器、创新中心等创新空间，大规模扩大纽约的众创空间网络。在具体运作中，众创空间由纽约市政府提供土地和种子投资，相关大学和研究机构或财团负责经营。纽约市的众创空间可分为三类：一是传统的孵化器和加速器，主要为初创企业提供创业孵化服务，主要由城市政府自助建设；二是联合办公空间（Coworking Space），其中不同背景的创新主体可分享办公设施、环境和相关服务，相互之间可交流分享信息、知识、技术等，使得创新由彼此间割裂的个体行为转变为跨界共享的多元协作模式；三是公共实验空间（Lab Space），纽约市政府鼓励高校和科研机构向社会开放实验设施，以解决中小创业主体难以承担的昂贵实验成本问题。

第二，政府以公司合营方式建设众创空间，吸引社会资本促进创新扩散。城市中创新发展和扩散的主要障碍是用地、建设、资金、人才等高昂的创新成本。为消化成本和激发创新活力，市政府采取了引导市场的发展策略，连同相关高校、研究机构、社会组织和企业等多元主体共同搭建众创空间。由于政府的资金支持，众创空间相对准入门槛和成本较低，且提供服务优质，吸引了大量中小创新主体入驻，增强了城市创新创业的活力。随着政府的引导和支持，私营和社会资本也相继开始提供众创空间和机构，纽约市的创新市场和创新资源进一步拓展。

第三，将众创空间以均衡布局的方式纳入城市公共服务设施的空间体系。众创空间具有较大的要素和组织流动性及功能混合性，可类似于城市公共设施或基本公共服务。纽约市按照城市基础设施和公共服务混合化、网格化的目标要求，实现众创空间的均衡合理布局和包容性发展。纽约市的众创空间初期高度集聚在曼哈顿地区，为实现众创空间的均衡化布局，纽约市政府通过空间规划、财税政策等宏观调控工具，引导众创空间向其他行政区扩散。目前，在纽约市域范围内，已初步形成了全覆盖、广辐射的众创空间网络。

生活实验室：城市创新的微观多样化

生活实验室（Living Laboratory）在欧洲和全球不断涌现，已逐渐成为城市创新领域的新微观空间组织形式。根据欧洲生活实验室网络组织（European Network of Living Labs, ENoLL）的论述，生活实验室的特征包括以用户为中心、基于系统性的协同创新、以现实社区为基础，换言之，生活实验室是一个城市真实场景中进行开放创新的媒介系统，为城市居民和微小创新主体提供了开放创新空间。目前，在欧洲及全球各地活跃着400余个生活实验室。

生活实验室的组织特征包括：第一，组织结构多样性。不同的生活实验室具有不同目标，其在空间层面的分布也具有多样性，生活实验室既能针对城市整体创新，也可聚焦城市特定系统、区域、社区的创新。对应不同的目标和空间结构，通常会有一至两方组织者来主导，在社区层面，非政府组织会在生活实验室中发挥更多作用；在城区、城市层面，科研机构经常发挥重要的主导作用。第二，运行途径的多样性。由于生活实验室属于开放创新模式，其组织结构为多方参与合作，运行模式较为复杂。例如，在较小空间尺度的奥地利Vienna Shares项目中，生活实验室主要引导和资助工作坊，由参与者自行探索和进行知识传播；在较大空间尺度的项目中，如英国MK: Smart，实验室则由开放大学联合多个科研和企业机构，在研发商业化、教育培训和市民参与决策等多个途径，利用公共数据和个人数据促进智慧城市发展。第三，产出结果的多样性。城市生活实验室通过开放创新平台和多元主体参与，提供了多样化的、具有正外部性的成果产出。

我国城市人口规模基数庞大，科技创新要素过度集中、城市基层创新能力不足、尚未发育形成网络型的创新均衡集聚组织体系，这是造成我国创新发展相对落后的关键因素，亟待在借鉴国际城市创新领域新规律新经验的基础上，结合我国的实际情况，加快探求解决对策。

参考文献

［1］贺灿飞.高级经济地理学[M].北京：商务印书馆，2021.

［2］纪光欣，岳琳琳.德鲁克社会创新思想及其价值探析[J].外国经济与管理，2012(9):1–6.

［3］YOO Y, BOLAND R, Lyytinen K. Organizing for Innovation in the Digitized World [J]. Organization Science, 2012, 23(5): 1400.

［4］MAJCHRZAK A, MALHOTRA A. Towards an Information Systems Perspective and Research Agenda on Crowdsourcing for Innovation [J]. The Journal of Strategic Information Systems, 2013,22(4): 263.

［5］许凯，孙彤宇，叶磊.创新街区的产生、特征与相关研究进展[J].城市规划学刊，2020(06):110–117.

［6］吕荟，王伟.城市生活实验室：欧洲可持续发展转型需求下的开放创新空间[J].北京规划建设，2017(06):111–114+95.

以数字化构建城市治理新形态的台州实践

林先华

浙江省台州市委常委、市政府常务副市长

党的二十大报告强调，要加快建设数字中国。通过数字化破解城市治理问题，是提升城市运行效能和治理水平的重要路径。台州市持续深化数字政府建设，充分运用数字化治理手段，推动城市治理模式变革、方式重塑、能力提升，加快构建"泛在可及、智慧便捷、普惠公平"的城市治理新形态。

▶ 强化顶层设计，注重基层创新

深化数字政府建设是全面推动城市精细化治理，推进城市治理现代化的核心动能和关键支撑。

一方面，加强政府引导。台州市围绕省市重大目标和重点任务，一以贯之推进数字政府建设，加强整体规划设计、完善各项配套政策、强化示范引领带动，持续推动公共服务普惠便利化、政府管理透明公平化、政府治理精准高效化、政府决策科学智能化，不断提升城市管理水平和运行效率、增强城市安全韧性，补齐城市公共服务短板、提高市民生活品质，促进产业转型升级、培育城市新的经济增长点。

另一方面，推进多元协同。台州市在数字政府建设中，始终注重基层创新，以"政府引导、多元协同"为原则指引，完善政企合作制度规范，优化数字化应用场景建设运营机制，厘清政府与企业的角色定位、职责边界、合作方式等内容，创新投资多元化、主体市场化、服务社会化的建设运营模式，推动多元主体参与数字政府治理改革，建构起与顶层设计相适应的新型共建、共治、共享关系，实现需求精准对接、问题精准回应、组织精准变革、能力精准提升，并推动顶层设计的不断完善。

▶ 强化系统推进，注重数字赋能

台州市深刻把握数字化发展趋势，按照全省数字化改革要求，聚焦群众"急难愁盼"和城市治理痛点难点等问题，整体推进"数据平台+城市大脑"建设，强化数字政府和智慧城市底座支撑，为社会各领域问题提供共享和可复用的解决工具和创新方案。

整体系统推进。注重系统性、整体性、协同性是全面深化改革的内在要求，也是推进改革的重要方法。台州市坚持把一体化作为工作抓手，针对"低水平重复建设导致大量资源浪费，且数据口径难以共享"的实际，强化目标导向、需求导向、效果导向，动态梳理问题清单，及时掌握建设需求，统谋、统建、统接数字化基础支撑、数据供给、应用支撑、前端集成和网络安全等重大项目建设，既节约了经费，又提高了效率。

高质高效供数。只有高质量数据，才能支撑高质量应用，才能保障社会各领域高质高效运行。台州市按照全省数字化改革体系架构，统筹推进一体化智能化公共数据平台建设，实现数据目录、归集、治理、共享、开放和安全的一体支撑和高效协同。建立首席数据官制度，联动构建数据目录联络员机制、目录项目关联审核机制、目录质量常态化检查机制，建立横向覆盖党政机关、企事业单位和纵向贯通市县乡三级的数据目录体系，驱动数据归集、治理、共享、开放和安全。常态化开展数据清洗，建设数据清洗系统，帮助部门解决数据格式、数据重复等问题。精细化开展数据治理，按照"一数一源一标准"要求，建设本地个性化规则库，逐表逐字逐段开展精细化治理。闭环化开展数据反馈，形成省、市、县三级联动的问题数据反馈体系，实现问题数据发现、反馈、治理、核验的处置闭环。

智慧智能支撑。台州市根据全省统一架构，按照"平台+大脑"理念，综合集成和共享算力、数据、算法等数字资源，统筹推进公共数据平台和"城市大脑"建设，实现"三融五跨"的分析、思考、学习能力，让城市治理更智能、更有温度。建设统一高效、支撑有力的通用算法平台，推动开发满足共性需求的基础性智能化组件，构建智能高效的应用支撑体系，提升全市数据资源深度开发利用能力。

▶ 强化以人为本，注重实战实效

台州市始终坚持把满足人民对美好生活的向往作为城市治理的出发点和落脚点，运用大数据促进保障和改善民生，推进教育、就业、社保、医疗、住房、交通等领域大数据普及应用，深度开发各类便民应用，不断提升公共服务均等化、普惠化、智能化、便捷化水平，让百姓少跑腿、数据多跑路。

省心贴心服务。从"群众办事更省心、政务服务更贴心"出发，打造富有区域特色的"浙里办"台州频道"台省心"。整合推出"付省心""学省心""医省心"等涵盖医、学、住、行、游等多方面的"省心"系列场景服务，让市民充分享受"省心"系列数字化改革服务应用带来的便利，实现优质公共服务均等化。

实战实效导向。坚持以实际实用实战实效为导向，按照"整体智治＋高效协同"要求，提高应用快响能力和业务处置效率。建立基层智治事件中心，借助人工智能、大数据、物联网新技术，构建"预警、流转、处置、反馈"快速响应闭环机制，不断提升基层治理的主动管理能力和服务群众能力，以及复杂事项的多部门协同指挥处置能力，建构起一个可视化、扁平化、一体化的数字政府和基层治理综合平台，有效促进了城市运行"一网统管"；建设"健康地图"应用，通过疾病风险模型、筛查算法模型，智能监测分析出发病率高、危害性大、群众负担重的病种，动态精准排查疾病，将每年定期定点定病种项目化疾病筛查，转变为结合大数据的全人群实时筛查，实现重大风险人群"早筛查、早干预、早治疗"。

智慧协同可及。按照"整体智治、科技新景、城市名片、全国一流"目标，建设"城市大脑"运营中心——台州"数字馆"。设立展示体验区，接入"城管智联""智能政务""智慧交通""防汛防台""出生一件事（出生+就业+养老）""电子票据""台州好文旅""教育直通车""亲农在线""工业互联网""数融通""海洋云仓（渔省心）"等应用，让市民漫步其中，通过沉浸式场景体验，实现城市治理成果智能分享、触手可及。设立运营指挥大厅集成政法、城管、应急等指挥系统，努力实现综合指挥调度、视频会议、报告发布等多项功能，打造城市管理、综合执法、公共安全的业务协同和指挥决策中心。

城市社会治理系统改革的新探索新经验
——温州市瓯海区基层治理全生命周期管理工作模式

张亨利

浙江省温州市共同富裕研究中心主任

市域治理是国家治理体系中承上启下的枢纽，不仅关乎城市的安全稳定和运行效率，也关乎国家的发展效率和改革步伐。伴随着城镇化进程的加快推进，城市治理各类矛盾叠加，治理风险和危机交织迭出，迫切需要构建系统、协同、智能化和整体性的治理格局。本文通过梳理现有城市治理体系中存在的问题，实证调研了瓯海区全生命周期管理模式的基层治理经验，并结合瓯海的经验剖析了城市社会治理全生命周期管理模式的优势，从而为推进城市社会治理系统改革提供经验。

城市治理是新时代国家治理的重要内容。2020年3月底，习近平总书记在浙江考察时指出，推进国家治理体系和治理能力现代化，必须抓好城市治理体系和治理能力现代化。习近平总书记指出，社会治理体系"零敲碎打调整不行，碎片化修补也不行，必须是全面的、系统的改革和改进，是各领域改革和改进的联动和集成，形成总体效应、取得总体效果"。2020年10月，习近平总书记在深圳经济特区建立40周年庆祝大会上强调，要树立全周期管理意识，加快推动城市治理体系和治理能力现代化。因此，总结城市社会治理系统改革的实践经验，以全生命周期管理模式推进基层治理创新，不断提升城市社会治理体系和治理能力现代化水平具有重要意义。

▶ 一、当前城市社会治理存在的主要问题

市域治理是国家治理体系中承上启下的枢纽，不仅关乎城市的安全稳定和运行效率，也关乎国家的发展效率和改革步伐。而完善的城市治理体系需要实现市、区/县、街道/乡镇、社区4级联动，将精准治理深入基层末梢，才能有效处置城市中发生的各类复杂叠加的多层级、多主体、多事项的矛盾和事件。但目前城市社会治理过程中还存在如下几个方面问题亟须完善解决。

部门间缺乏有效协同联动

城市治理是一项社会系统工程，涉及面广、难度大、矛盾多。由于目前各种治理主体间还存在部门分割和行业利益的藩篱，市域与县域、县域与镇街的尚未有效实现联动，基层各部门协同作战、人员合作、资源互补、经验

和信息分享等立体化统筹和系统化交互尚未形成，导致实际城市导致城市执法过程中还存在执法监督真空和缺失等问题，使得一些老百姓急难愁盼事件的处置存在"看得见的管不了、管得了的看不见"的突出问题。如流动摊点占道经营、"五小行业"难治理、私人违建难拆除等现象屡禁不止。部门间也在尝试联合执法，但在联动指挥过程中同一事件从不同源头上报导致重复受理、多头处理的问题，以及跨部门的疑难杂症和未曾处理过的事件应该如何分配、流转等问题仍待有效解决。

预防体系敏锐度存在不足

现有的城市治理体系设计和运行的基本依据主要来自日常公共问题和常规性事件处理，对于城市风险防控和突发事件管理的制度安排明显不足，使得政府的很多行为很多时候是被动型的，导致分析决策延误，执行效果评估滞后。例如，在新冠病毒肺炎疫情早期阶段，武汉的前期预警体系存在缺陷，导致后续的资源调配和防控施策存在较大的困难。

业务和技术两类人才有机结合存在障碍

在分析研判辅助决策和监测预警防范风险方面，业务类人才拥有丰富的从业经验和行业知识，但他们不一定具备处理数据和人工智能的能力。而懂数据和人工智能的技术人才很难兼具经济、社会、公共安全等领域的行业知识和业务经验。如何将两者有机结合是个大挑战。

二、城市社会治理系统化改革新探索

伴随着城镇化进程的加快推进，城市治理各类矛盾叠加，治理风险和危机交织迭出，迫切需要构建系统、协同、智能化和整体性的治理格局，而这正是全生命周期管理的精要所在。即依托信息集成平台将城市治理始终定位为主体和客体、结构与功能、系统与要素、过程与结果等纵贯联通之整体，强化动态、闭环、综合之原则，推进城市全要素统筹和全流程整合，实现城市常态化治理的稳定性以及风险控制的坚韧度。

2017年瓯海区成立"平安瓯海"综合体，探索建立"前端智慧预警、中端多元化解、末端防复巩固"的"全生命周期"社会治理工作模式，确保实现社会风险全过程、全方面精细化管控。2020年6月以来，瓯海区将"平安瓯海"综合体进行物理空间和工作机制重塑提升，形成集综合受理、联合接访、大调解、诉讼服务等"七大功能区"于一体的区级社会矛盾纠纷调解化解中心。2022年上半年瓯海区又探索将县级矛调中心向"社会治理中心"升级，同步推动"城市大脑"向"城市运行中心"转变，于5月5日挂牌成立融合城市运行中心和社会治理中心的瓯海区社会治理和城市运行中心。瓯海区将矛盾纠纷化解作为基层治理的一个环节，以系统观念、系统思维提出"瓯海的一天"治理理念，围绕瓯海的一天"发生什么，要干什么，怎么干，干得怎么样"，通过数据融通、应用打通，注重作战、指挥、过程管理，打造社会治理和城市运行中心，实现从诉调对接到矛盾纠纷化解"最多跑一地"，再到全生命周期数字化闭环管理，打造"瓯海的一天"社会治理模式。瓯海区社会治理和城市运行中心挂牌以来，各入驻单位职能涉及社会治理事项的办结时限平均缩短40%，综合分析、指挥调度时间缩短近一半，事件处置效率提高 30%。

推动社会治理中心和城市运行中心融合建设

多中心合一、一中心多用的模式有利于资源整合，发挥集约效应，也有利于实现指挥集成高效、平战一体。瓯海区将社会治理和城市运行两大中心进行一体化建设，中心定位于打造矛盾纠纷调处、城市社会治理、风险监测研判、重大应急管理、一体协调指挥和综合督导考评等六大功能于一体。

首先，功能应融尽融。按照"一地管治理"，将社会治理中心、城市运行管理中心和疫情防控指挥部等"三合一"建设。中心整合了联合接访、大调解、劳资调裁、公共法律服务、心理服务、婚姻家事服务、社会帮扶、诉讼服务、政务 12345 热线、综治维稳作战指挥、消费投诉举报、智慧城管指挥、应急管理指挥、网络舆情监测应急、疫情防控指挥、24 小时备勤响应、防汛防台防旱指挥、消防秒响应指挥等 18 个中心，由 6 家成建制入驻单位、12 家常驻单位、8 家轮驻单位等 224 位工作人员构成，其日常工作表现纳入中心对部门的考核事项。

其次，完善组织架构。瓯海区社会治理和城市运行中心为区委区政府直属的公益一类事业单位，机构规格为正科级，由区委副书记分管，并成立由区委书记和区长担任组长的领导小组。为了便于中心协调各部门一起推进工作，由区委政法委副书记和区信访局副局长兼任中心副主任，并分别负责综治和接访工作。

再次，建立指挥轮值机制。由 28 名区四套领导班子轮流担任指挥长，9 家高频事件驻点单位科级干部担任值班主任，实现城治、疫情、信访 3 项工作值班制度有机融合。在日均 2500 件事件流中通过事件去重、筛选，对流入中心的疑难、应急、敏感、重大等事件进行协商研判、平战转换、指挥调度，并形成"瓯海一天"的工作日报、指挥长日志等成果。依托指挥中枢，形成上下一线、横向融合、协同作战的统一调度指挥工作格局。

最后，健全人员保障。中心建立一支由 10 名事业编制专职人员组成的专业化队伍，内设综合管理科、矛盾化解科、研判督查科、业务指导科等 4 个科室。另外，在区大数据管理中心增设信息技术科，并选派 2—3 名人员脱岗派驻中心工作，专职负责中心的运行平台建设和日常运行保障工作，人员编制、晋升等保留在区大数据管理中心，日常管理由区社会治理和城市运行中心负责。

借"数"改革实现城市治理"一网统管"

瓯海区社会治理和城市运行中心今年 8 月份举行一场超强台风模拟实战演练。视频监控显示下穿道路发生积水，有车辆受淹人员被困，通过现场布控球传回的画面，指挥中心在大屏前迅速调度区应急管理局、区消防救援大队等部门分别进行道路管控、抢险救援、排水除险，在各部门通力协作下，险情第一时间解除。这是该中心实现物理场景和数据贯通深度融合应急处置的现实写照。

把现有的各类数据平台、物联感知进行融通，打通数字城管、基础治理四平台等 15 个系统事件数据、接入省区市 45 个已建应用、实时展示 598 项城市运行和社会治理指标，同时接通了 2.1 万个"雪亮"监控摄像头、接入 360 部分平台等 4 类应急通信救援设备、连通烟感报警等 9 类物联传感数据、融通疫情防控等 33 个专项应用场景，通过高效的城市运行感知分析能力，有效保障应急时刻协调处置的高效快捷。瓯海区四套班子领导实施轮班轮值，对当天发生事件第一时间进行指挥处置，实现"中枢指令"直达"终端"。

加强横向与纵向联动贯通。以基层治理"一件事"为突破口，把高频、多跨、群众急盼事项进行"一件事"重塑，推动政策、事项、制度、举措集成，目前已实现"一件事"事项 38 个，包括重点人态势管理、被执行人流水分析、国有资产监管、未成年司法保护、僵尸车管理、农房确权登记、行政机关合同管理、后事无忧、火灾预警预防处置等。强化"四平台"支撑，在瞿溪、南白象 2 个街道先行先试社会治理分中心和村社工作站的建设，将区城市运行和社会治理中心的治理触角向镇街、村社、网格的纵向延伸到底，实现线上线下业务融通。

建强感知能力实现"一屏掌控"

建强"全量、全时、全域"的感知能力，通过"党政更智治、经济更健康、城市更宜居、社会更安全"四个维度构建指标数据监测体系，设置科学可行的计算阈值，实现数据实时呈现、运行一图感知。对辖区 13 个镇街在社会治理和城市运行方面的生命体征指标进行重新梳理，精准绘制"城镇画像"，全面感知综合运行态势。

系统平台运行主要是围绕"瓯海的一天"，分为数据全量归集、指挥全景驾驶、事件全链处置和事后全域总览四大版块。数据全量归集版块通过分析上级下派和镇街上传的数据、所有"物联感知"的数据和部门的数据，一屏掌握"瓯海的一天发生什么"。指挥全景驾驶版块包括三大部分：一是体征指数、值班区领导重点关注的批示等五大内容；二是场景应用；三是热点事件，一屏掌控"瓯海的一天要干什么"。事件全链处置版块将高德地图与区内网格图集成为"作战一张图"，把68类城市资源共22793个点位"落图"，每个网格发生的需处置事件在系统后台直接派单至相应基层镇街网格与部门，处置完毕后自动通过基层平台反馈、形成闭环，系统及时提醒预警处置延迟或无进展的事件，实现"瓯海的一天要怎么干"一屏直达。事后全域总览版块依托事件统计、主要指标、图色分析和监督评价四个模块，对"瓯海的一天干得怎么样"实现一屏分析。

▶ 三、全生命周期管理模式所发挥的优势

瓯海区的城市治理全生命周期管理模式在跨区域协调、全流程管控、主动防控和全要素统合方面发挥了优势，有效解决了城市治理中存在的普遍问题。

实现团体协同作战，提升处置效率

瓯海区在党委统领下，将区内与治理息息相关、原先又相对独立的部门管理中心、作战平台整合集成为区中心的子平台，将子平台的职能清单归集编入中心职责，依托网格功能作战图，实现指令一键直达基层最小作战单元，改变了层层决策、分头指挥、零散调度的传统模式，有效提高了事件处

置效率。瓯海区还通过建立指挥轮值机制和选派区大数据管理中心工作人员脱岗入驻中心，实现业务人才和技术人才有机结合，协同参与城市社会治理。

构建事件处置全链条管理，实现闭环式管控

瓯海区通过部门业务、数据应用、城市要素的全接入、全贯通、全集成，有力提升中心风险感知分析能力、应急响应处置能力、跟踪闭环管理能力，全景展示事件处置过程，实现每个事件通过指挥调度、平台派单、基层接单予以处置，改变了事后数据分析、场景演示的传统模式。比如通过集成行政争议预防化解"一件事"应用场景，构建"监测—预警—跟踪—关注"的全流程管控，将风险感知触角延伸至行政行为初始端，将闭环管理末端延伸至结案后的跟踪回访、立体评价等环节，真正实现全生命周期闭环式的管控。

建强基层感知传导能力，实现"主动防控"

瓯海区聚焦社会治理主动感知能力不足、分析研判不精准等问题，坚持关口前移，以数字赋能、机制贯通为手段，全面强化网格、微网格、小区楼栋等"神经末梢"感知传导能力，并提前介入管理，实现社区吹哨、镇街和部门报道，第一时间把社会风险源头治理好，形成全量监测感知、快速分析预警、一键派单处置的主动预测预警预防治理模式。并将公共突发事件的城市预案设计和实战演练作为中心的标配工作，时刻保持见叶知秋的敏锐，化被动为主动，下好风险防范"先手棋"。

全要素统合资源，实现系统化治理

瓯海区按照全区社会治理"一盘棋"的原则进行资源的全域调配，将城市治理的维度与各种要素匹配结合，协调推进18个子中心、镇街和社区网格化管理有机融合，实现整体与部分、主观与客观、动态与静态、角色与功能、人工与智能等多重资源的互补和集成，从而确保强大的治理效果。浙江省已经全面构建了市级及市级以下基层治理"141"体系，正在推动"141"体系全面承接融入省域治理"162"体系。瓯海区全生命周期的社会治理已形成了成熟的工作体系，正好提供了一个对接省域治理的"接口"，实现了省、市、区（县）、街道和社区治理的全面贯通，实现了上下协同、系统化治理。

参考文献

［1］鲁华君.健全部门协同机制，提升县域治理效能——基于杭州市富阳区"一巡多功能"制度的调查与思考[J].才智，2018，（2）：217.

［2］郑宇.城市治理一网统管[J].武汉大学学报，2022，（01）：21.

［3］黄建.引领与承载：全周期管理视域下的城市治理现代化[J].学术界，2020，（9）：39.

［4］李尖.瓯海首创社会治理和城市运行一体融合[N].温州日报，2022-8-12.

［5］袁家军.数字化改革概论[M].杭州：浙江人民出版社，2022.

第二章

宜居城市

党的二十大报告提出了"人民城市人民建、人民城市为人民"重要理念，意味着城市建设和发展的最终归宿要进一步体现宜居性。打造宜居城市要以解决人民群众急难愁盼问题为导向，以推进治理能力现代化为动力机制，通过更加精细化的管理模式，实现城市环境质量优化、人民生活水平改善和城市竞争力提升。

以精细化管理推动宜居城市高质量发展

张琦

北京师范大学中国乡村振兴与发展研究中心教授

精细化管理是相比于传统管理方式更加精细、效率更高的城市管理方式。在推动宜居城市高质量发展、加快推进新型城镇化建设方面，精细化管理不可或缺。当前，城市精细化管理面临着法律法规建设滞后、管理部门协调联动紧密性不足、管理人员精细化管理能力建设不足等一系列问题，居民参与积极性不高也进一步限制着城市精细化管理效能提升。对此，必须加快城市精细化管理法律法规建设，健全集中统一领导机制，提升城市管理人员专业化素养，激发居民参与城市精细化管理积极性。

城市是现代国民经济发展的主要载体。党的十八大以来，我国经历了世界历史上规模最大、速度最快的城镇化进程，逐步完成了由"乡土中国"向"城镇中国"的蜕变。但当前，我国城市管理距离实现生产空间集约高效、生活空间宜居适度、生态空间山清水秀的高水平宜居宜业目标还有不小差距。这就需要在细微处下功夫，以精细化管理推动创建宜居宜业文明城市，推动新型城镇化向更高水平发展。

▶ 城市精细化管理的基本要义

整体来看，城市精细化管理就是借鉴企业精细化管理思想，针对城市化过程中暴露出来的城市管理问题，利用更精准的操作、更细化的标准和更科学的手段，实现城市环境质量提升、人民生活水平改善和增强城市竞争力的城市管理理念和管理实践。

就城市管理的主体而言，传统的城市管理者以政府部门为主，市民这一城市管理主体的作用难以发挥。城市精细化管理则强调构建由政府提供公共服务、市民共管共治、市场提供专业服务、社会组织提供公益服务构成的四层服务管理体系，发挥社会各方作用，满足城市居民各类精细化的管理服务需求。就城市管理的手段和方式来说，传统的城市管理在运行过程中对城市新问题、新变化反应不及时，难以适应宜居城市高质量发展的需要。对比而言，城市精细化管理更加突出城市管理和城市服务的法治化、专业化、标准化和智能化，推动高效服务实现人群全覆盖、区域全覆盖、时间全覆盖，推动城市治理体系和治理能力现代化，真正实现让市民安居、让城市宜居。就管理内容而言，传统的城市管理主要包括基础设施的建设与维护、公共服务提供等两方面内容，城市精细化管理则在这两大内容基础上，通过优化城市管理服务，完善城市功能，改善人居环境，推动城市实现内涵式发展。

精细化管理在宜居城市高质量发展中的重要性

精细化管理是相比于传统管理方式更加精细、效率更高的城市管理方式，在推动宜居城市高质量发展方面，城市精细化管理不可或缺。

精细化管理是满足城市居民对美好生活向往的必然选择

宜居城市高质量发展要以满足城市居民日益增长的美好生活需要作为基本判断标准，以居民满意度和幸福感作为主要标尺。城市精细化管理坚持以人为本，充分发挥市民这一城市管理主体作用，在城市管理中打造共建共治共享的社会治理格局，有利于实现政府治理和社会调节、居民自治良性互动，让人民群众共享城市治理成果。同时，城市精细化管理强调"群众利益无小事"，围绕让群众生活更美好，通过地理空间上的网格化管理、管控时间上的全天候管理、技术手段上的智能化管理，直击居民最期盼、最关切的诉求和突出问题，有效推动建设环境整洁美丽、生活方便快捷的宜居城市。因此，实现宜居城市高质量发展，满足城市居民对美好生活的向往，城市精细化管理是必由之路。

精细化管理有利于营造高质量的营商环境

推动宜居城市高质量发展离不开高质量的城市营商环境做支撑。城市的精细化管理水平深刻反映了一个城市的品质和形象，是城市营商环境的重要影响因素。一方面，法治是最好的营商环境。只有尊重市场经济规律，在法治框架内调整各类市场主体的利益关系，才能使市场在资源配置中起决定性作用，也能更好发挥出"有形之手"的能量。城市精细化管理以法治化为着力点，充分运用法律法规、制度、标准来管理城市，发挥法治固根本、稳预期、利长远的保障作用，为各类市场化主体创造高质量的营商环境。另一方面，城市精细化管理有利于提升市场主体的获得感。营商环境好不好，市场主体最有发言权。精细化管理不仅问需于民，而且问需于商，在提供完善的基础设施和高效普惠性服务的同时，针对不同企业的发展诉求，提供精准化、细致化服务。

精细化管理有利于推动城市治理体系和治理能力现代化

构建适应新时代发展需要的现代城市治理体系，不仅仅是宜居城市高质量发展的重要内容，也是推动宜居城市高质量发展的重要支撑。实现城市治理能力现代化，城市精细化管理是必然要求。一方面，精细化管理以智能化赋能城市治理，夯实了城市治理的数字底座，有利于推动城市信息交互和资源共享，实现城市治理的组织重构、流程再造，加快由"管理"向"高效治理"转变。另一方面，城市治理体系和治理能力现代化要求必须重塑城市与政府、社会、市场之间的关系，推动城市治理向社会本位、民本位、市场本位转变。与之相对应，精细化管理强调构建由政府、市民、市场和社会组织构成的多元化管理服务体系，针对不同管理服务需求提供不同的资源和服务，推动城市治理方式科学化、治理主体多元化、资源对接高效化，加快城市治理路径向多主体共建共享共治转变。

推动实现宜居城市精细化管理的重点

2017年3月5日，习近平总书记在参加十二届全国人大五次会议上海代表团审议时提出"城市管理应该像绣花一样精细"。这为城市管理指明了前进方向。各地以习近平总书记重要指示为指导，纷纷开启了城市精细化管理实践并取得了广泛成效，有力推动了宜居城市的高质量发展。围绕推动宜居城市高质量发展，各地城市精细化管理实践主要包括如下几方面内容：

提升宜居城市综合治理能力

精细化管理强调城市管理的法治化、专业化、标准化和智能化，成为各地区推动宜居城市高质量发展的重点工作。一是提升宜居城市管理法治化水平。即强调城市管理要依法管理、依法治理，推动重点领域法规规章的立改废释，提高专业执法与综合执法水平，充分运用法治思维和法治手段解决城市管理顽症难题。二是提升宜居城市管理专业化水平。即强调对城市运作的深度了解和细致把控，通过专业化人才队伍提供专业化城市服务，满足城市居民日益增长的高品质服务需求，实现城市管理服务水平提升。三是提升宜居城市管理标准化水平。即通过建立健全城市管理标准体系，对城市管理涉及的范围、职责、流程、责任等做出明确规定，为城市精细化管理提供标尺和依据，使城市管理领域的法律法规政策有细化落实的载体，从而提高城市精细化管理水平。四是提升宜居城市管理智能化水平。即加大现代信息技术使用密度，充分发挥物联网、云计算、大数据、人工智能等技术在城市管理中的优势作用，以数字化手段实现对城市突出问题、热点问题的专业分析，提前预警，提升城市管理智能化水平。比如北京市于 2019 年提出要推进城市精治、共治、法治，推动城市管理法治化、标准化、智能化、专业化、社会化，加强城市日常运行管理，推动城市管理向城市治理转变。

提升市政基础设施精细化管理水平

市政基础设施既是满足城市居民日益增长的美好生活需要的必需品，更是推动实现宜居城市高质量发展的重要物质基础。由于市政基础设施建设水平和发展需求的不同，不同城市、不同区域对提升市政基础设施精细化管理水平的重点举措并不相同。对于大城市而言，现有市政基础设施基本可以满足居民生活和城市经济发展的需要，因此大城市在推动精细化管理过程中重点发力新型基础设施建设，打造面向未来的智慧城市。比如上海市在《推进新型基础设施建设行动方案（2020—2022 年）》中提出，要推进 5G 等新一代网络基础设施建设，加快建设人工智能等一体化融合基础设施，为上海加快构建现代化产业体系厚植新根基，打造经济高质量发展新引擎。对于中小城市以及大中城市的近郊区和老旧小区而言，原有市政基础设施建设相对滞后，精细化管理重在补齐市政设施短板，提升市政设施维护管理水平，从而破解市政基础设施建设不平衡不充分问题。

推动城市公共服务管理精细化

提供便捷高效的公共服务是城市管理者的基本任务，也是检验城市文明程度的重要标尺，因而成为以精细化管理推动宜居城市高质量发展的重要任务。当前，城市公共服务精细化管理的重点主要集中在两个方面。一是为市场主体提供精细化的公共服务，包括深化"放管服"改革，简化办事流程，提高效率，加大信息化手段使用密度，推动政府数据共享开放、深化"互联网+政务服务"，让数据多跑路、市场主体少跑腿，有效提升了宜居城市的营商环境。二是为城市居民提供精细化的公共服务，包括推动干部"走出去"，行到问题现场、走到市民中间，实现问需于民、问计于民，加强居民热点问题多样化收集，根据问题类别、成因、处置反馈等进行统计分析，构建居民问题长效化解决机制。

提升城市环境精细化管理水平

保护生态环境就是保护生产力，改善生态环境就是发展生产力。没有良好的生态环境，宜居城市就不会有好的营商环境、发展环境，高质量发展则更加无从谈起。宜居城市建设关于提升城市环境精细化管理水平的重点工作主要集中在如下三方面：一是提升城市绿化质量。建立城市绿化养护分级管理机制，明确不同级别城市绿化精细化养护管理标准，提升城市绿化养护管理效率。同时，加大城市绿化养护管理人员标准化培训力度，提升城市绿化养护管理水平。二是提升城市卫生环境治理能力。主要通过制定城市卫生环境管理方案，明确卫生环境管理工作目标、标准、流程，实现城市卫生环境管理长效化、制度化。通过强化城市卫生保洁人员管理培训力度、细化作业标准，实现城市卫生保洁工作质量提升。创新监督考核机制，实现卫生环境管理日常监管、定期考核和不定期抽查相结合，确保城市卫生环境细化管理措施的有效落实。三是提升城市污染防治精细化水平。强化城市污染防治管理机制建设，细化污染防治工作流程，通过网格化管理等手段实现城市污染快速响应和闭环管理。优化城市污染防治方案，综合城市生态环境承载力和宜居城市高质量发展需要，合理设定城市污染物排放标准，加大环境执法力度。比如，内蒙古额尔古纳市于2019年开始在全市范围内实施"城市精细化管理三年行动"，将提升市容环境卫生管理水平作为城市精细化管理的首要任务，重点提升市容环境品质、城市环卫保洁水平、城市园林绿化水平，加强施工工地扬尘治理，打造整洁、有序、文明的城市环境。

▶ 以精细化管理推动宜居城市高质量发展面临的挑战

结合各地区以精细化管理推动宜居城市高质量发展的实践，当前，城市精细化管理存在着如下问题：

城市精细化管理法律法规建设相对滞后

目前，各地已经出台了"实施精细化管理意见""精细化管理三年计划"等指导性、计划性方案，相比法律法规建设，此类方式能快速推进城市精细化管理进程，但是由于缺乏相关法律作为保障，容易导致城市精细化管理缺乏"持久动力"。同时，法律法规建设滞后还导致城市管理执法部门的执法行为缺乏统一性，不仅与城市精细化管理要求的法治化、标准化、专业化原则相悖，还容易引发城市居民对精细化管理的不满。

城市管理部门协调联动紧密性不足

城市精细化管理是一项复杂而艰巨的系统性工程，牵扯面广、涉及部门多、综合性强，需要各部门协调配合。但在推动城市精细化管理的操作实践中，由于各部门常常缺乏充分的信息沟通和数据共享，在面对共同问题时，容易出现片面强调自身困难、工作责任相互推诿现象，城市精细化管理工作难以形成合力，导致城市精细化管理效能低下。此外，部分城市还存在管理部门职责不清、管理执法边界模糊现象，进一步加剧了开展城市精细化管理工作的难度。

城市管理人员精细化管理能力不足

城市管理人员在一定程度上存在能力与责任不匹配，人岗不相适、人事不相宜问题。一是精细化管理不断对相关人员专业化能力提出新要求。城市精细化管理强调推动城市管理专业化，通过采用新技术、新装备、新模式，全面提升专业化服务管理水平。但对于小城市的管理人员尤其是年龄偏大的管理人员，其文化水平有限，能力建设逐渐难以满足精细化管理的需要。二是部分城市管理人员用于能力提升的时间不足。部分城市管理人员尤其是基层工作人员工作头绪多，日常事务忙，日常工作疲于奔波，用于专业技能提升的时间严重不足。

城市居民参与城市精细化管理的积极性不高

城市精细化管理需要城市管理人员的不断探索和实践，更需要广大城市居民的积极参与，但在精细化管理实践中城市居民的参与积极性并不算高。一是城市居民参与城市精细化管理的渠道仍然相对狭窄。在传统管理体制下，城市居民更多的是被动参与城市管理，城市管理人员并未有太多动力去为居民创造参与城市精细化管理的渠道，目前这种态势尚未从根本上实现逆转。二是城市居民主人翁意识不强。长久以来，城市居民并未形成主动参与城市管理的意识，加之部分居民忙于生计，从而参与城市精细化管理的动力更加不足。

▶ 进一步提升城市精细化管理水平的对策建议

考虑到现实中存在的问题，城市精细化管理还需要在以下几个方面进行完善和创新：

健全城市精细化管理法律法规体系，推动法治理念贯穿城市管理全过程

城市精细化管理法律法规建设滞后已经成为阻碍宜居城市以精细化管理推动高质量发展的首要障碍。为此，要持续健全城市精细化管理法律法规体系。重点围绕城市精细化管理的城市环境提升、市政设施建设等方面内容，在实地调研基础上推动城市精细化管理重点领域法律法规的立改废释，为持续推进城市精细化管理提供完善的法律基础。此外，还应当合理规范城市管理执法者的执法权限，认真落实行政执法公示、执法全过程记录、重大执法决定法制审核"三项制度"，规范执法行为。

建立健全集中统一领导机制，消除城市精细化管理空白点

城市精细化管理的各项举措能否高效推进，关系到宜居城市高质量发展的成败。破解城市精细化管理过程中管理部门协调联动紧密性不足难题，一是要建立健全集中统一领导机制，按照集中统一领导的原则统筹各城市管理部门之间的关系，明确各城市管理部门执法边界，推动多部门联合管理执法，凝聚城市管理合力；二是加强城市精细化管理综合服务平台建设，以平台为媒介实现城市管理信息数据跨部门共享，推动部门间资源整合与力量融合，全面消除城市精细化管理的空白点。

完善城市管理人才队伍建设机制，提升城市管理人员专业素养

城市管理人员专业化能力建设必须贯穿于城市精细化管理全过程。一是源头提升。根据城市精细化管理需要，推动编制向城市精细化管理所需专业人才倾斜，精心设计招录岗位、精心组织人员招考，确保专业人才满足所需、质量过硬。二是加强培训。按照"缺什么培训什么"的原则对城市管理人员进行精准化培训，邀请专家教授、先进工作者授课。在条件允许的情况下，还可以组织管理人员赴上海、北京等精细化管理水平较高的城市进修学习，提升专业化技能。三是引进人才。针对精细化管理所需的部分工作岗位专业化水平高，难以在短期内培养出专业化人才的现实难题，应当通过专业化人才引进、政府购买服务等方式进行应急性补充。

畅通居民参与城市管理渠道，提升居民参与城市精细化管理积极性

构建共治共享的城市精细化管理格局，离不开城市居民的积极参与。为此，一是要畅通居民参与城市精细化管理渠道。通过城市管理人员走进街道社区、走进居民家中等方式，搭建居民与城市管理人员面对面的沟通平台。此外，还要加快居民参与城市精细化管理数字通道建设，让微信、微博等互联网平台成为居民参与城市管理的新渠道，提升居民参与城市精细化管理的便捷性。二是加强宣传引导，唤醒城市居民主人翁意识。充分利用各类媒体大力宣传城市精细化管理的重要性，让居民充分了解到自身利益和城市整体利益有着高度关联性。同时，还可以通过"有奖举报""有奖热线"等方式鼓励居民参与城市管理。

参考文献

［1］谢炜.法治是最好的营商环境[EB/OL].(2022–3–07). https://yndaily.yunnan.cn/content/202203/07/content_56547.html.

［2］计永超,焦德武.城市治理现代化：理念、价值与路径构想[J].江淮论坛，2015(06):11–15.

［3］孙博.标准化助推城市精细化管理提升城市管理质量[EB/OL].(2017–9–16).http://finance.people.com.cn/n1/2017/0916/c1004–29539725.html.

宜居城市生态环境构筑的美学理念与实践路径

张应杭

浙江大学马克思主义学院教授，浙江大学中国特色社会主义研究中心研究员

生态环境对宜居城市具有基础性与先在性的意义。在"美好生活"已然成为当下热词的语境下，从美学维度来构筑生态环境具有重要的现实逻辑支撑。从浙江省推进新型城镇化建设的实践经验看，我们亟待在生态环境对宜居城市具有不可替代的作用方面形成共识，在实际行动上把构筑优美的生态环境作为生态惠民、生态利民、生态为民的优先领域。

自1996年联合国第二次人居大会提出"宜居城市"的概念后，这一表述迅速得到各国政府及学界的广泛认可，目前，它已成为21世纪城市建设的全球性共识。事实上，这也是以习近平同志为核心的党中央关于深入推进新型城镇化建设一系列重大决策部署的重要现实语境。如果梳理一下学术界

和政府相关政策研究部门以及联合国的相关文件，目前，对宜居城市已然达成的内涵共识及评价指标要素大致如下：社会文明度、经济富裕度、环境优美度、资源承载度、生活便宜度、公共安全度。本文将聚焦环境优美这一维度，结合浙江省在新型城镇化建设过程中的若干案例，做一些城市美学层面的学理思考与探究。

▶ 优美的生态环境对宜居城市具有不可替代的作用

在探讨宜居城市的生态环境构筑之前，有一个无法回避且具有前置性意义的话题，那就是：在诸项宜居城市评价指标要素，即社会文明度、经济富裕度、环境优美度、资源承载度、生活便宜度、公共安全度中，环境优美度的价值排序该如何定位的问题。

目前，专家学者们对这一问题尚未达成共识。从我国城市化进程的实践反思来看，有两种片面性的观点需扬弃。其一是庸俗化地理解历史唯物论的生产力标准，只以经济发展和 GDP 的增长为杠杆来推进城市化进程。它直接导致了一些城市及周边区域"只见生产，不见生态"的偏颇现象出现。其二是以西方国家城市化进程几乎都出现"先污染后治理"的现象为借口，以所谓的代价论为理由轻视、忽视甚至无视生态环境问题。

古人云："城，以盛民也。"（《说文解字》）我们亟待在倾听民众呼声中思考和解决城市快速发展进程中日益突显的生态问题。其实，如果做一逻辑归纳的话，我们就可清晰地发现，影响城市居民对一个城市宜居度的评价因子从大的方面来说无非两个：一是自然环境，二是社会与人文环境。在宜居城市评价的社会文明度、经济富裕度、环境优美度、资源承载度、生活便宜度、公共安全度等诸项指标要素中，属于自然环境的主要涉及环境优美度与资源承载度这两项，其余诸项如社会文明度、经济富裕度、生活便宜度、公共安全度则属于社会与人文环境要素。在对这些要素进行归类时，虽然从数量上看属于自然环境的要素项低于社会与人文环境的要素项，但只要我们对环境优美度与资源承载度进行简略的分析便可发现其不可替代的地位与价值之所在。其一，以土地、森林、河流、湖泊以及气候等综合而成的自然环境是人类赖以生产与生活的物质空间。这就如马克思在《1844年经济学哲学手稿》中指出的那样："人是自然界的一部分""人靠自然界生活"。其二，资源承载度即自然界的生态系统对人的生产和消费活动所造成的破坏力的承受限度或容忍度。从这一含义来看，一旦人的活动对自然生态系统的破坏超出了自然自我修复能力的限度，那么，人与自然环境的和谐关系就会转变为对立乃至冲突的关系。其最糟糕的后果就是人的生命与自然的生命都会失去赖以存在的物质基础与条件。

可见，正是自然生态系统与社会人文环境系统相辅相成，才共同构筑起城市的宜居性。在社会文明度、经济富裕度、生活便宜度、公共安全度等已然普遍地受到关注和重视的当下，我们亟待在生态环境对宜居城市具有不可替代的作用方面形成共识。同时，在当前深入推进新型城镇化建设的进程中，我们同样需要不仅在诸如价值排序的理念上，而且在实际行动上把构筑优美的生态环境作为生态惠民、生态利民、生态为民的优先领域。只有这样，我们的城市建设才能切实满足好人民群众对优美生态环境日益增长的需求。

以天人合一的美学理念构筑宜居城市的生态环境

生态环境对人类的价值是多维的。它既有经济价值，所以说"绿水青山就是金山银山"；也有伦理价值，故古人说"天地之大德曰生"（《易·系辞下》）；还有审美价值，在庄子的《逍遥游》里、在陶渊明的田园诗里、在唐诗宋词的那些描写大好河山旖旎风光的绝美佳句里，我们感受到的就是其令人心旷神怡的审美意蕴。

生态环境对人类价值的这一多维性同样彰显在城市的宜居性上。也就是说，在深入推进新型城镇化建设的进程中，生态环境内蕴的每一个向度的价值意蕴无疑都值得被充分关注和挖掘。当下中国的现代化进程以及与这一进程密切相关的新型城镇化建设实践呈现出一个趋势性的现象，那就是，中国人民尤其是正处于城市化发展进程中的城镇居民，有了更多超越物欲之上的审美化追求，"美好生活"成为热词就是一个例证。

作为"美好生活"在一个重要领域里的彰显，在深入推进新型城镇化建设背景下积极打造宜居城市在当下的现实意义自然不言而喻。同样道理，作为对"美好生活"的一个具体呈现，对宜居城市的生态环境作美学层面的理念定位以及相应的规划、建设与管理，便有了历史与现实逻辑的支撑。

如果借助中国古代哲学的范式，用"天人合一"来表达宜居城市的生态环境美学理念是合适的。2019 年，在中国北京世界园艺博览会开幕式上，习近平主席就曾高度评价过古代这一思想："锦绣中华大地，是中华民族赖以生存和发展的家园，孕育了中华民族 5000 多年的灿烂文明，造就了中华民族天人合一的崇高追求。"我们以天人合一理念来定位宜居城市生态环境构筑的基本范式，一方面是因为这一美学范式是中国古代天人关系最简练的审美表达。它把美、美好理解为人与自然关系和顺、和谐、和美。中华传统文化历来主张与自然和谐相处，相辅共生，即庄子所谓的"天地与我并生，而万物与我为一"。(《庄子·齐物论》)另一方面，天人合一理念也与马克思的美学思想有同质之处。在《1844年经济学哲学手稿》中，马克思提出了"人也按照美的规律来构造"的著名命题。

党的十八大以来，以习近平同志为核心的中国共产党人在对中华优秀传统文化创造性转化与创新性发展的伟大实践中，对天人合一之道赋予了新的时代内涵。2013年，习近平总书记在《关于〈中共中央关于全面深化改革若干重大问题的决定〉的说明》中首次提出"山水林田湖是一个生命共同体"的命题。在党的十九大报告中，习近平再次强调："人与自然是生命共同体，人类必须尊重自然、顺应自然、保护自然。"在2018年召开的全国生态环境保护大会上，习近平总书记援引庄子的"天地与我并生，而万物与我为一"，又一次强调了构筑人与自然生命共同体理念的必要性和紧迫性。党的二十大报告指出："中国式现代化是人与自然和谐共生的现代化。"这是中国共产党面临新时代中国社会发展中生态难题的重大挑战而提出来的新论断，为宜居城市建设提供了理论基础和方法论原则。

作为宜居城市生态环境构筑的基本美学理念，天人合一之道的要义在于在强调人与山水林田湖是一个生命共同体的同时，主张在尊重、顺应、保护自然的前提下追求现代化语境下的美好生活。其理论推演的逻辑可表述为：自然—当然—怡然。这里的"自然"既是道家主张的"道法自然"(《老子》二十五章)，即指对自然的效法与敬畏，也指马克思论及的人与自然对立完全消弭的自然主义理想状态。"当然"则是指因为认知并遵循了天地自然及其内蕴的各种规律，故在行动中能够做到知行合一，理所当然地不做反自然的事。"怡然"则是在"自然"与"当然"所达到的和顺与和谐的基础上获得了和美的内心体验。这种审美体验一方面是人内心获得的主观感受，但另一方面从唯物论的立场出发我们又强调这一体验具有客观的基础。这一客观基础主要表现为对自然的客观性与先在性的尊重，在行动中能够处处遵循与坚守自然主义的立场，不任性、不妄为、不以人类中心主义为行动原则。

▶ 以天人合一理念构筑优美生态环境的实践路径

以马克思主义哲学的立场而论，理念本身无法实现自己，它作为人的主观能动性的产物必须借助实践的手段才能够变成现实。因此在讨论了具有新时代内涵的天人合一审美理念所内蕴的历史与现实逻辑之后，更重要的是探究如何在推进新型城镇化建设的具体实践中将这一理念变成现实。

在打造宜居城市的优美生态环境方面，全国各地各区域具体的实践各显地方特色。但从个性与共性的辩证关系看，任何个性背后总体现着某种共性。结合浙江推进新型城镇化建设、打造宜居城市的诸多具体做法，我们试图对其中具有某些共性意义的实践路径做如下几方面的梳理与概括：

其一，在宜居城市生态环境的规划、建设、管理诸环节中，要坚守自然主义的立场并贯穿始终。也就是说，宜居城市建设无论是新城建设还是旧城改造，在规划阶段不仅必须有生态环境的刚性指标，而且这一指标的落实在建设和管理阶段也必须始终如一。

在杭州市西溪湿地的规划、建设、管理诸环节中，相关决策部门就曾提出过"自然主义"的指导原则。作为对古老的天人合一审美理念的继承创新，这一自然主义被恰当地理解为对城市难得留存下来的这块湿地的尊重与保护，对这一方水土的一湖一泊、一草一木的敬畏与呵护。正是基于对这一立场的坚守，决策者不仅花大本钱与大气力动迁了诸多的原住民，而且也以生态环境的一票否决权拒绝了全球知名的某连锁酒店斥巨资入住核心区域的诉求。迄今为止，西溪湿地的核心区域依然如当初那般呈现出最本真最天然的湿地景观：河港、池塘、湖漾、沼泽等水域遍布；游鱼戏水，飞禽栖岸，时不时则有游人或游船穿梭于湖光水色之间，一派无比幽雅自然的景致。

以浙江的实践经验看，在宜居城市生态环境构筑的自然主义立场的坚守方面，学会处理好经济效益与生态效益的关系，尤其是当两者处于冲突的时候能够对以牟利为动机的资本说"不"显得尤为重要。事实上，在全国各地的城镇化建设中出现一些瞎折腾、走弯路以及"用地冲动""招商引资冲动"等现象，显然与生态环境规划、建设和管理中自然主义立场的缺失有关。

其二，充分调动政府、社区、居民对优美生态环境构筑的参与性，以凸显城镇的不同个性风采来实现生态环境的最优化。政府、社区、居民都是宜居城市打造的行动主体。在城市化发展进程的一段时间里，无视不同地域的个性，千篇一律地搞劈山造地，填湖（海）造城、移树进小区、搬石装门面，以及建设人造景观等做法，极大地破坏了城镇原有的生态环境。在深入推进新型城镇化建设的今天，我们亟须走出这一误区。我们必须明白生态环境之美恰在于个性，在于不重复，在于不千篇一律。

在浙江素有"九山半水半分田"之称的山区小县云和，其在城镇化的推进中就以云水胜境这一颇具特色的自然景致为亮点，成为浙江省"全域旅游"的示范县。当初的云和在城市生态宣传语中曾有"山水家园"一词，但通过广泛征集政府部门、专家学者、市民乡贤的意见，并诉诸县域居民在相关微信平台进行全民大讨论的方式集思广益之后，最终以"云水胜境"这一更凸显云和自然生态个性的提炼语取而代之。事实上，正如许多参与讨论的市民指出的那样，如果做点儿史料考据，云和地名的缘起本就与云水相关。而且，就山和水而言，神州大地名山胜水可谓不计其数，以山水为亮点概括城市宣传口号的也不胜枚举。事实证明，这一"云水胜境"的独特生态环境定位，其城市生态特有的诸如裁云剪水、枕云听水、坐看云起时之类的美学意境，极大地助推了县城美誉度的提升。现如今，这个有着"中国天然氧吧""中国十大休闲县市"等诸多美誉的县城，已然成为各大旅游网站热推的旅游目的地。仅就"云水胜境"这一好生态产生的经济效益而论，它不仅吸引了包括国内知名文旅集团在内的众多企业前来投资开发，还打造出了一大批网红民宿，在节假日里甚至出现一房难求的现象。

其三，在处理宜居城市的生产、生活、生态三者关系时，以辩证思维积极探索生产、生活的生态化与生态的生产、生活化的新样态。毋庸讳言，人类只要存在，其生产、生活就是一个向自然索取的过程。这个生产、生活对自然生态会产生一定的破坏性，这个破坏性一旦突破了自然对人的生产和消费活动所造成的破坏力的承受度或容忍度，那其结果甚至会是灾难性的。这正是人类中心主义与非人类中心主义各执一端、争论不休的缘由之所在。如果立足于唯物辩证法的立场和方法，那么我们就可以超越人类中心主义与非人类中心主义的形而上学对立，因为我们可以期待人与自然对立面的转化。以老子的语录来表达就是"反者道之动"（《老子》第四十二章）。

杭州的西溪湿地在这方面同样有较为成功的探索。在城市化的急速发展中，西溪湿地由原来的60平方千米曾经锐减至11平方千米，而且成了无人问津的城市"边缘地带"。后来杭州启动西溪湿地综合保护工程，成功探索了从"湿地公园"到"湿地公园型城市组团"的转型之路。因为拥有得天独厚的生态环境优势，在它的周边不仅成功吸引了一些绿色、低碳、环保的生态化科技创新创业平台纷纷落户，而且依托湿地衍生出的业态也逐渐增多，如不同规模的文旅项目、特色鲜明的民宿等，这些生态型的业态组群共同构筑起了杭州的大西溪经济圈、文化圈和生活圈，成为这个城市一道亮丽的人与自然和谐的风景线。

在浙江，不仅省会城市，各个不同县域也依托自身的优势积极探索生产、生活的生态化与生态的生产、生活化的新样态。浙江湖州的安吉县是"两山理念"的发源地。20世纪八九十年代，安吉县的余村人靠挖矿山、建水泥厂，生活富裕了起来。生活虽然好起来了，可环境污染问题却日益突出，甚至严重影响到了村民正常的衣食住行。村民们在万般无奈之际，只得关停矿山和水泥厂，开始封山育林、保护环境。

2005年，时任浙江省委书记的习近平同志到余村考察，充分肯定了村里关停矿山、水泥厂的做法，并首次提出"绿水青山就是金山银山"的科学论断。现如今，通过余村人十多年久久为功的不懈努力，余村终于从一个污染村华丽地蜕变成了远近闻名的生态村，走出了一条生态美、产业兴、百姓富的可持续发展之路。在今日的余村有农家乐、民宿、漂流、果蔬采摘等一系列休闲旅游产业，甚至昔日的矿井遗址都被巧妙地开发成了旅游景点。

参考文献

［1］马克思.1844年经济学哲学手稿[M].中共中央马克思恩格斯列宁斯大林著作编译局，译.北京：人民出版社，2000.

［2］习近平.习近平谈治国理政[M].北京：外文出版社，2014.

［3］习近平.习近平谈治国理政（第二卷）[M].北京：外文出版社，2017.

［4］习近平.习近平谈治国理政（第三卷）[M].北京：外文出版社，2020.

［5］习近平.推动我国生态文明建设迈上新台阶[J].求是，2019(03).

［6］中共中央文献研究室.习近平关于社会主义生态文明建设论述摘编[M].北京：中央文献出版社，2017.

［7］张应杭.云水胜境和善之城——云和之"和"的文化学解读[M].杭州：浙江大学出版社，2020.

［8］陈军，成金.宜居是城市生态文明建设的根本目标[N].光明日报，2013-10-12.

［9］刘福森，人与自然生命共同体理念的哲学意蕴[N].光明日报，2021-5-24.

［10］张应杭，朱晓虹.新时代中国共产党对中华优秀传统文化继承创新的推进路径与实践主张[J].毛泽东邓小平理论研究，2021(02).

现代田园城市建设的"太仓实践"

汪香元

江苏省太仓市委书记

习近平总书记强调:"要坚持治山、治水、治城一体推进,科学合理规划城市的生产空间、生活空间、生态空间。"党的十八大以来,江苏省太仓市坚持以习近平新时代中国特色社会主义思想为指导,深入践行新发展理念,严格遵循"一尊重五统筹"的城市工作思路,全方位推动城市现代魅力和乡村振兴景象相得益彰、现代产业体系与城镇建设发展互促并进、自然生态功能与城市空间布局有机融合,着力打造"城乡一体、产城融合、城在田中、园在城中"的现代田园城市,连续6年位居中国最具幸福感城市县级市首位,获评国家生态园林城市、国家生态文明建设示范市、中国人居环境奖等荣誉。

▶ 全域勾勒舒朗有致、融合并进的城市形态之美

太仓现代田园城市呈现着城乡高度融合、产城一体发展、景城相生相依的整体形态特质。一是这种形态美体现在片区组团化布局。按照有机疏散、层次分明的思路，着力构建"双心驱动、多级带动"的城市总体框架，重点打造以主城区为核心、港城为副中心的市域双心，主城、港城与各中心镇之间，以市域快速路网相连接，以连片农田和生态绿地为纽带，形成紧密联动、特色鲜明的城市格局。二是这种形态美体现在城乡一体化发展。协同推进新型城镇化建设和乡村振兴，统筹抓好新城建设和老城更新，娄江新城加速崛起，科教新城基本成型，以老城区为重点、城郊结合区为节点的城市更新渐次推进，全面完成13个被撤并镇（管理区）整治提升，高标准抓好特色田园乡村建设，全力打造农业强、农村美、农民富的新时代鱼米之乡。三是这种形态美体现在产城深层次融合。产业因城而聚，城市因产而兴。聚力推进港口型国家物流枢纽城市、临沪科创产业高地建设，重点打造沿江、临沪两大产业带，构建以国家级经开区、省级高新区为龙头、各镇特色园区为补充的产业布局，高端装备、先进材料、现代物贸产业均突破千亿，实现了"以产兴城、以城促产"的良性互动。

▶ 充分彰显水绿交融、移步见景的田园风光之美

太仓按照"坚持山水林田湖草沙一体化保护和系统治理"的要求，积极推动公园、廊道、绿地及水系勾连互补，全面优化城市生态空间与形态

面貌。一是以园为心，让现代田园城市更秀美俊朗。全域构建"一心两湖三环四园"城市生态体系，在主城区中心建成总面积 21 万平方米的市民公园，打造城市"绿心"；在主城区南北位置建成金仓湖公园和天镜湖公园，塑造城市"绿肾"；以城市核心区、环主城范围、衔接城乡的三环绿廊，串联起全市生态版图；在市域四角建设西庐园、菽园、独溇小海、现代农业园四个大型公园，打造城市"绿肺"；统筹推进滨水公园、街头游园、口袋公园建设，充分彰显推窗见绿、出门见景的生态风光。二是以水为脉，让现代田园城市更柔美灵动。太仓因水而兴、因水而美。滚动推进城乡水环境综合治理，全面做好"绿水、活水、亲水"三篇文章，统筹抓好"九横九纵"骨干水系建设，高标准建成 156 条生态美丽河湖，七浦塘获评全国"最美家乡河"，呈现出水绕城、水穿城、水伴城的优美景观。三是以田为基，让现代田园城市更丰美宜居。系统构建集优质水稻、特色水产、高效园艺、生态林地为一体的农业格局，完善现代农业"双 10"园区体系，扎实推进"三高一美"建设，持续抓好连片高标准农田建设，探索打造农牧生态循环模式，因地制宜绘就丰富多彩的稻田画，厚植现代田园城市的最美基底。

▶ 严格构筑生态优先、绿色发展的精管善治之美

太仓坚决守住生态环境质量"只能更好、不能变坏"的刚性底线，让绿色成为现代田园城市的鲜明底色。一是严格管控生态空间。科学划定与太仓国土空间布局、生态安全格局、三区三线相协调的生态保护修复分区，严格执行"三线一单"制度，确保"一张蓝图管到底"。以国土空间全域整治为

主要抓手，统筹推进"三优三保"、拆迁"清零"、违法建设整治等工作，大力清理低效用地和"散乱污"企业（作坊），为高质量可持续发展留足空间、提供支撑。二是深入抓好生态治理。坚决贯彻"共抓大保护、不搞大开发"的战略要求，全力守好长江大保护"最后一千米"，严格落实长江"十年禁渔"，建成长江流域首个堆场自动化码头。深入打好污染防治攻坚战，扎实开展"三化五治""2982"等专项行动，省考以上断面及9条入江支流水质优Ⅲ比例均达100%，PM2.5年均浓度、空气优良比率均位居江苏省前列，实现空气常新、绿水长流、净土常在。三是全面加快绿色发展。太仓严格落实"双碳"行动，先立后破推动能源、产业、交通运输结构优化调整，全面加快产业智能化、清洁化改造。近十年来，单位GDP能耗下降近40%，新兴、高新技术产业产值占比分别提高17个百分点和28个百分点。

用心塑造现代雅致、宜居宜业的城市品质之美。太仓认真践行"人民城市人民建，人民城市为人民"的重要理念，努力让人民生活更美好，让城市更精彩。一是城市建设"现代化"。高起点推进娄江新城建设，西交利物浦大学太仓校区建成投用，北沿江高铁、海太过江通道开工建设，TOD综合开发、临沪国际商业中心提速推进，国际学校、商业综合体等功能性项目加快布局，一座面向未来的品质之城正拔地而起。坚持将娄东文化融入城市规划建设全过程，加强沙溪古镇、浏河古镇整体保护，留存传统村庄风貌、彰显人文特色魅力。二是公共服务"高品质"。聚焦"学有优教、病有良医、老有颐养、住有宜居"，太仓市政府每年拿出80%左右的财政收入用于民生支出，创新实施困难"二无老人"救助，其推行的"大病医保"成为国家医保新政蓝本，获评新时代首批江苏省义务教育优质均衡发展县（市、区）、全国健康城市建设样板市，是长三角首个富裕型"中国长寿之乡"。随着上海瑞金医院太仓分院、中德创新城医养中心等项目建成投用，太仓市民将充分享受"家门口"的高端公共服务。三是社会治理"高效能"。太仓是"政社互动"的发源地，江苏首个获得"长安杯"殊荣的县级市，正在全面推进"融合共治"城乡社区幸福生活共同体建设，公众安全感保持在99%以上。在政府治理和社会调节、居民自治的良性互动下，太仓成功创建了全国文明城市，每3名太仓常住人口中就有1名志愿者，做到"人人参与、共建共享"。

迈上全面建设社会主义现代化国家新征程，太仓将持续优化生产、生活、生态空间布局，让生态更优美、城市更宜居、民生更幸福，努力建设人与自然和谐共生的现代化，描绘出更加精彩的现代田园城市画卷。

宜居城市建设路径探索与思考——建设国际一流和谐宜居之都的北京经验

唐燕

清华大学建筑学院副教授、博士生导师、院长助理，《城市规划（英文版）(China City Planning Review)》责任编辑

殷小勇

清华大学建筑学院博士研究生

1996年联合国第二届人居大会提出"城市应当是适宜居住的人类居住地"的概念。2005年发布的《北京城市总体规划（2004—2020年）》提出"宜居城市"建设理念，北京成为国内最早在总体规划中设定"宜居"目标的城市。

在"建设国际一流的和谐宜居之都"的宏伟目标下，北京从细处着手、从人民群众急难愁盼的重点问题着手，平衡首都功能与生活日常的关系，统筹整体规划与系列行动，持续推动治理模式创新，实现了城市宜居水平的不

断提高。特别是近几年来，北京从基础设施整修到公共服务设施完善，从空气污染治理到公园绿地建设，不一而足。在国际性杂志《环球金融》（*Global Finance*）的全球宜居城市排名中，北京从 2020 年的第 22 位提升至 2022 年的第 8 位。

总的来说，北京打造"国际一流的和谐宜居之都"的路径为：以解决人民群众急难愁盼问题为导向，以推进治理能力现代化为动力机制，通过实施"+ 宜居"与"宜居 +"两条策略，综合利用"项目试点 + 专项行动"等手段，着力推动居住类、产业类、设施类、公共空间类、区域综合类等五大类更新，开展老旧小区综合整治、背街小巷整治、微空间改造等系列行动，实现城市人居环境品质全面提升（图 2–1）。

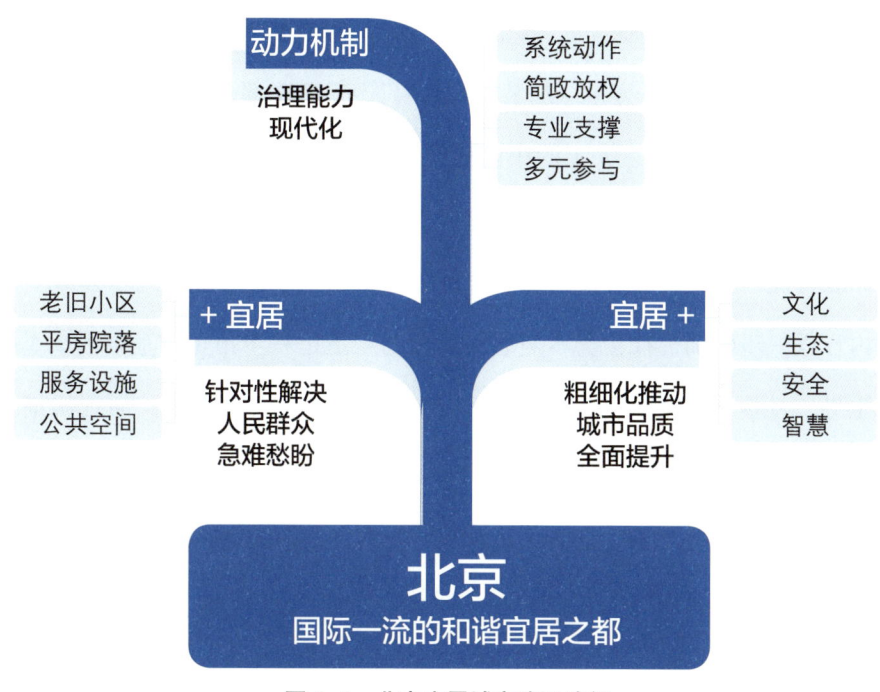

图 2–1　北京宜居城市建设路径

▶ "＋宜居"：针对性解决人民群众急难愁盼问题

近些年来，北京市老旧小区与平房院落内的建筑老化、设施不足、安全隐患等问题逐渐暴露，服务设施与公共空间数量不足、品质低下的困境日益突出。改造整修老旧小区和平房院落、完善扩建服务设施和公共空间成为北京城市更新的重点工作领域。

老旧小区＋宜居

北京市自 2012 年启动老旧小区综合整治工作。2017 年开启新一轮老旧小区改造工作以来，截至 2022 年 4 月，北京已累计确认 1066 个小区、4068 万平方米纳入综合整治范围。其中，完工 295 个小区、1062 万平方米。在施 364 个小区、1567 万平方米。加装电梯累计完成 2261 部，纳入改造范围的小区惠及居民达 53 万户，完工的小区居民满意率达 90% 以上。2020—2021 年，北京相继出台《北京市老旧小区综合整治工作手册》《北京市老旧小区综合整治标准与技术导则》等文件，老旧小区综合整治的改造对象进一步多元、改造内容进一步明确，社会资本与居民的参与渠道进一步拓宽，基本形成了政府主导、社区居民和少数社会资本参与的老旧小区改造模式，涌现出诸如"劲松模式""首开经验"等多元主体共同参与老旧小区改造的典型实践探索。

平房院落＋宜居

北京东西城内存在大量平房院落，随着城区内人口规模的增长，这些住房中共用厨房与厕所的现象较为普遍，居民私搭乱建的问题也十分突出，人居环境品质亟待提升。

2019年北京市两会政府工作报告提出"按照申请式改善、'共生院'改造的思路，推进核心区平房院落有机更新"。北京市各部门与东城区、西城区政府出台系列政策，以核心区历史文化街区平房直管公房为重点启动申请式退租工作，促进历史文化街区保护、活化与复兴。"申请式退租"即住在平房区直管公房的居民可按照个人意愿，退还房屋使用权，申请人获得货币补偿后，可以选择共有产权房或公租房。其目的是通过异地改善和就地改善的方式，提升居民的生活品质并推动平房院落的修缮利用。

值得关注的是，与以往拆迁安置主要依赖政府推动不同，平房院落更新探索由区政府选择有资质、有实力的企业作为实施主体进行运作。如皇城景山项目的实施主体为市属国企首开集团下属的东成公司，菜市口西片区项目的实施主体为区属国企北京金融街投资公司下属的金恒丰公司。在更新改造中，实施主体负责统筹推动片区内居民退租意愿的达成和院落的更新改造，并在改造后获得特许经营权，可引入合适的产业。这一运作方式搭建起了政府、居民与市场主体的多方合作平台，并尝试通过后期运营平衡前期改造资金，形成了具有北京特色的人居环境和城市品质提升新机制。

服务设施 + 宜居

北京的公共服务设施规模与质量在全国一直处于前列，近年来北京持续推动完整社区、"十五分钟"生活圈建设，不断完善基层服务设施供给，促进公共服务设施便利性、多样性与公正性的综合提高。

公共服务方面，《北京市"十四五"时期社会公共服务发展规划》中的规划背景部分显示：全市小学、初中就近入学比例达到99%以上，全市四级文化设施达到6844个，平均覆盖率达99%；每万人拥有社会足球场地数量达到1.07块，人均体育场地面积达2.57平方米。根据《2021年北京市卫生健康事业发展统计公报》，北京医疗卫生机构达11727个，每千常住人口拥有卫生技术人员为17.8人。随着北京逐渐迈入老龄化社会，北京市养老服务设施配置与养老产业发展迈上快车道。截至2020年年底，北京累计建成运营养老机构544家，街乡镇养老照料中心262家、驿站1005家，"三边四级"就近养老服务体系全面建成。

住房保障方面，北京坚持"房子是用来住的，不是用来炒的"定位，在稳房价、稳地价、稳预期的基础上，持续推进保障性住房建设，"十三五"期间，北京市累计建设筹集各类保障性住房163万套。根据《北京住房和城乡建设发展白皮书（2022）》提供的数据，城镇居民人均住房建筑面积从2012年的29.26平方米提高到2020年的33.7平方米，近7成居民实现了自有住房；住房租赁年交易量由2012年的100余万套次增加至2021年的276万套次，租购并举格局初步形成。

交通设施方面，北京着力优化公共交通供给以解决交通堵塞问题。截至2021年年底，北京已经形成总里程世界第二的超大城市轨道交通线网，近年来建设的8号线城市南北动脉、11号线连接首钢园等线路有效加强了城市功能片区的联系，即将建设的平谷线等系列轨道交通线路将继续提高市民出行的便利程度。

回龙观、天通苑地区居住人口多、城区功能不完善，学校少、看病难、交通堵、环境差等问题突出，一度被称为"睡城"。北京市于2018年、2022

年持续开展"回天计划",通过"回天六有"行动指南补足基础教育、医疗卫生、文化、体育等公共服务设施短板,优化路网体系、停车设施、公共交通、慢行系统配置,探索超大型居住区的城市功能修补与更新提升。目前回龙观、天通苑地区宜居水平明显提升,普惠性幼儿园覆盖率、院前医疗急救呼叫满足率等指标均超过全市平均水平。

公共空间 + 宜居

近年来,北京陆续推行绿隔建设、背街小巷整治、开墙打洞治理、微空间改造计划等整治提升工作,对公共空间类更新实践进行了系列探索。2019年底,市规划自然资源委联合市发展改革委、市城市管理委、北京建筑大学,发起"小空间大生活——百姓身边微空间改造行动计划",旨在通过对社区配套设施、景观环境、无障碍设施、公共艺术、城市家具等的一体化城市设计,实现小微空间高效利用,统筹解决社区公共设施缺乏、场地安全隐患大、停车无序、环境脏乱差等空间问题。

2017 年,北京市城市管理委员会、首都精神文明建设委员会办公室发布《首都核心区背街小巷环境整治提升三年(2017—2019 年)行动方案》,明确要求围绕"十无""一创建",在三年内全面完成核心区 2435 条背街小巷环境整治提升任务。2020 年,北京《背街小巷环境精细化整治提升三年(2020—2022 年)行动方案》公布,正式开启第二轮背街小巷环境整治提升工作,相关工作更加精细,整治标准更加严格。

▶ "宜居+"，精细化推动城市品质全面提升

北京在旅游、休闲文化、教育、生活成本等方面具有相当优势，这些优势不仅源自北京自身丰富的资源禀赋，更来自北京在宜居城市建设中对于文化、生态、安全、智慧等方面的关注。

宜居 + 文化

北京作为六朝古都，其本身就是一件艺术品。梁思成先生称北京城是"都市计划的无比杰作"，"它所特具的优点主要就是它那具有计划性的城市的整体"。北京保留着中国传统营城理念下的城市格局与秩序，现有世界文化遗产7处，每万平方千米不可移动文物数量近2000处。众多历史遗存在保护的基础上得以利用，塑造着北京城"新旧交织"的独特气韵。

一直以来，北京着力推动公共文化服务普及与文化产业发展。《北京市"十四五"时期社会公共服务发展规划》显示，2020年人均公共文化设施建筑面积0.36平方米，每10万人拥有博物馆数量达0.9处。根据《北京蓝皮书：北京文化发展报告（2019—2020）》，2019年北京市文化产业增加值占全市地区生产总值的比重为9.64%，位居全国首位。不仅如此，近些年来，北京从追求空间的实用性提升至对空间品质的追求，如望京小街在精细化设计的基础上植入多种类型的艺术装置，成为"宜居、宜商、宜业"的城市更新和街区治理样本。

宜居 + 生态

北京以"绿水青山就是金山银山"理念为引领，持续推进生态环境治理，联合津冀地区深入开展"蓝天保卫战"，依托"疏整促"行动着力推进"散乱污"企业整治，综合推动公园绿地建设与水体污染改善。

在大气污染治理方面，自20世纪末开始大规模治理大气污染以来，北京连续实施16个阶段大气污染控制措施、清洁空气五年行动计划、蓝天保卫战三年行动计划和"一微克"行动，至2021年，北京市空气质量实现全面达标。

在公园绿地建设方面，北京按照《北京城市总体规划（2016—2035年）》提出的"留白增绿"要求，规划建设小微口袋公园460处、城市森林52片，公园绿地500米服务半径覆盖率大幅上升。其中，规划面积约30平方千米的温榆河公园将成为中心城区最大的"绿肺"。

宜居 + 安全

新冠病毒肺炎疫情给全球经济和社会发展带来巨大冲击，疫情的蔓延促使人们重新反思城市的发展与建设模式，城市对疫情的防范与应对能力也成为衡量城市宜居水平的重要因素。

北京作为超大城市，人口基数大、密集度高、构成复杂、跨区活动多。在多轮疫情防控中，北京始终把人民生命安全放在首位，坚持疫情防控总策略、总方针不动摇，因时因势不断调整防控措施，基本在短时间内将疫情控制在较低流行水平，在很大程度上保障了居民的安全感。

宜居 + 智慧

随着信息技术逐渐渗入居民生活与工作的方方面面，建设智慧城市，以数字化手段提升城市治理、运营与服务水平，成为建设宜居城市的重要路径之一。

北京不断探索用数字技术为居民提供更便捷的服务，推出了积水地图、实时公交 App、政务服务"一网通办"、电子收费等智慧平台，并持续优化功能。2020 年发布的《北京市"十四五"时期城市管理发展规划》提出"十四五"期间，北京将构建城市运行"一网统管"模式，进一步提高城市运行效率。同年 8 月，北京印发的《北京城市副中心元宇宙创新发展行动计划（2022—2024 年）》明确城市副中心将聚焦"元宇宙 + 文旅场景""元宇宙 + 城市场景""元宇宙 + 消费场景""元宇宙 + 教育场景"等方向，计划推动落地至少 30 项"元宇宙 +"典型应用场景项目，不断提高城市的吸引力、多样性与便捷度。

▶ 动力机制：治理能力现代化

习近平总书记强调："推进城市治理，根本目的是提升人民群众获得感、幸福感、安全感。"城市治理能力的现代化，是提升城市宜居水平的核心动力。北京在建设宜居城市的过程中，高度重视系统运作、基层治理与公众参与。

▶ 系统运作，实施城市更新行动

街区是城市规划的基础单元，也是城市治理的基础所在。北京探索建立了以街区为单元的"街区更新"制度，强调"以街道为抓手、以街区为单位、以更新为手段、以规划师为纽带"，形成了"街区更新+项目带动+责任规划师制度"的行动框架，并且建立起"1+N+X"的城市更新制度体系框架，推动城市更新行动的有序实施与城市环境品质的综合提升。

▶ 简政放权，提高基层治理能力

在不断简政放权的过程中，街道成为联系上级政府与社区居民之间的桥梁，是推进城市更新和基层治理的重要抓手。北京积极探索实践"街乡吹哨、部门报到"和"接诉即办"工作运行机制，将城市更新工作延伸至街道（乡镇）、居委（村委）级别，赋予街道和乡镇更多自主管理权，增加街乡统筹协调职能，打通了城市更新的"最后一千米"，实现了城市更新宏观目标与居民个体诉求的有效结合、宏观管控与精细化治理的有效联动、规划计划与实施运维的有效衔接。

▶ 专业支撑，推广责任规划师制度

责任规划师制度作为北京强化街区更新和完善基层治理的重要举措，自

2019年5月在全市街乡镇中推行。截至2021年年底，北京市16个城区及亦庄经济技术开发区已全部完成责任规划师聘任，近300个团队承担全市333个街乡地区的责任规划师工作，覆盖率达到100%。责任规划师制度的运作逻辑是，政府为每个街道、乡镇等聘任固定的专业规划师或规划团队，来协助落实以"共建共治共享"为目标的城市更新与基层规划建设。责任规划师介入后的基层规划治理新体系，表现出更为多元的角色参与和更加均衡、多向的关系互动，一定程度上打破了过去政府主导、精英规划、资本垄断的城市建设模式（图2-2）。

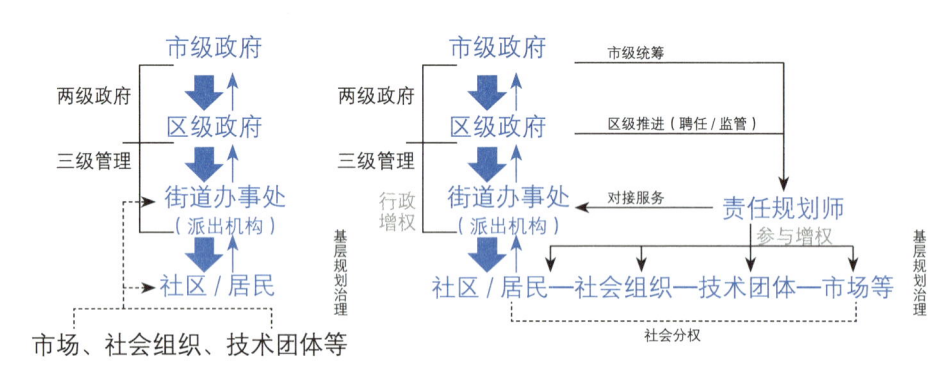

图2-2 传统的垂直基层管理体系（左）和责任规划师介入下的多向基层规划治理体系（右）

▶ 多元参与，塑造共治共享格局

在厘清政府、市场、公众在宜居城市建设中的角色分工的基础上，北京持续探索"政府统筹、市场运作、多元参与"的城市建设运作机制。

一方面，充分发挥市场主体在资本投入、实施运作、维护运营等方面的积极作用，涌现出一系列社会资本参与城市更新的典型案例，包括民营企业参与老旧小区更新的"劲松模式",市属国企推动街区一体化更新的"首开经验",万科集团助力望京小街改造、运营与治理,金隅集团通过"区企合作"的模式推动老旧厂房改造升级,等等。

另一方面,城市更新更加重视征求居民意愿并鼓励居民深度参与。例如,魏公村口袋公园通过"五步骤"方法,探索儿童参与设计的城市更新路径;惠新西街33号院在改造中发挥居民的能动性,引导他们全方位参与社区环境品质的提升行动中,促进多元共建共治共享格局的形成。

加快推动老年友好的宜居城市环境建设

秦波

中国人民大学公共管理学院城市规划与管理系教授

我国人口城镇化与老龄化相互交织叠加。自 20 世纪末进入老龄化社会以来，我国老年人口数量和比重持续增长。2020 年 60 岁及以上老年人口达到 2.64 亿人，占总人口比重 18.7%，预计 2030 年 60 岁及以上老年人口占总人口比重将达 25% 左右。面对挑战，2020 年 10 月，党的十九届五中全会强调要"全面推进健康中国建设""实施积极应对人口老龄化国家战略"，国家"十四五"规划纲要更是将积极应对人口老龄化上升为国家战略。

深刻认识老龄化现象并实施积极的老龄化应对战略对维护社会和谐稳定具有重大现实意义，也是实现经济社会高质量发展和全面建设社会主义现代化国家的必然要求。面对未来城市中老年人口比例越来越高的趋势，加快推动老年友好型城市环境建设，已经成为推动新型城镇化、建设宜居城市的重要组成部分。

老年友好型宜居城市建设面临的问题挑战

在城镇化的快速发展和老龄化的巨大压力之下，我国大部分城市的老年宜居环境建设相对滞后，难以满足实际需要。笔者调查发现，许多社区中与老年人生活息息相关的居住环境、出行环境、健康支持环境、生活服务环境以及敬老社会文化环境等都存在着一些不方便、不安全、不完善的问题，给老年人生活带来一定困扰。例如，一些老旧小区缺乏电梯和无障碍通道，路面不齐整、夜间路灯不明亮，小区内行车不规范、人车合流现象突出，老年群体日常出行面临很多安全隐患；路面积灰扬尘、行车喇叭噪声、生活垃圾乱堆乱放等是影响老年人居住健康的重要因素；公共活动空间不足、社区卫生间布局较少、缺少老年餐桌等是老年人群对宜居环境建设诉求较多的领域。

虽然当前不乏一些老年友好型的宜居城市建设实践，但总体而言，缺少系统评估、缺少统筹规划、缺少实施模式，基层社区对如何建设老年宜居环境了解得不够系统全面的现象较为普遍。一些城市零星的适老化改造主要停留在对少数困难老龄家庭的室内环境进行优化的层面，未能形成合力，在实践中有的还引发了一些诸如室内改造不符合老人生活习惯等问题。此外，目前很多城市正在推进的老旧小区改造将重点放在补齐老旧小区水、电、气、管网、路灯等基础设施上，虽然也有将适老化改造和无障碍设施等纳入基础类改造项目的实践探索，但改造内容、标准却不够明确，改造的规模和速度有的也没有达到预期。

鉴于这些实践中涌现出的问题挑战，有必要对老年宜居环境进行系统研究，将无障碍规范与老年宜居环境相结合，编制实操性强的老年宜居环境评价体系与建设标准。进而在安全性、健康性、便捷性、舒适性、社会性等维度上进行评估，形成提升老年宜居环境的总体策略，最后在居住、出行、医疗、公共服务、社会文化等宏观层面着手谋划适老宜居环境建设的具体路线。

▶ 推进老年友好型宜居城市建设的政策建议

满足人民群众需求、由老年友好标准规范引领、实现高效率可持续的共建共治共享是推进老年友好型宜居环境建设必须坚持的三个重要原则。在建设全过程中，需要坚持问题导向和需求引领，明确"痛点""难点"之所在，不盲目拍板决策，可建立试点示范标杆，发挥模范带头作用，提升城市整体宜居化建设的积极性。同时，以标准化工作流程为行动规范，发挥优势、强化合作、加强联动，提高建设资源广泛性以及建设主体多样性，缩短建设周期，打破障碍壁垒，使老年友好型宜居城市环境建设目标更加明确、进程更加流畅、成果更加长效。

当前阶段，应将老年群体长期居住生活的场所作为首要改造建设目标。小区作为老年人出行、娱乐、交际的主要场所，公共空间的打造、公共服务的供给、基础设施的配备等必不可少，开发新的公共空间或者改造原有闲置的公共场所，提升公共器材的供给质量与数量，增强公共服务的多样性与完备性都是可行的路径。

具体来说，需要大力推进住宅区电梯加装，加强对人车分流规划制定和实施的探索普及，以及无障碍通道、停车区规划和小区周边公共交通可达性的分析优化，使老年人出行更为方便快捷、安全有序。在满足物质生活需求之外，精神生活质量的提升与丰富也占据着同等重要的地位。充实老年人的社会交往、文化交流、人情交际、精神交互等，同样是宜居城市环境建设不可或缺的构成部分。日常社区活动是老年群体活动的主要内容，推动社区服务供给能力与责任的相互匹配，推进社区工作人员服务意识、行为能力与宜居环境建设标准的相互适应有着实践层面上的重要意义。

扎实推进长江大保护 提升城市宜居水平

方世南

苏州大学东吴智库首席专家、苏州大学中国特色城镇化研究中心研究员、苏州大学马克思主义学院教授

城市是产业发展和人口集聚的空间载体，承载着人们对美好生活的追求，也检验着经济社会发展的质量和水平。党的十八大以来，长江沿线各城市积极响应习近平总书记"谱写生态优先绿色发展新篇章，打造区域协调发展新样板，构筑高水平对外开放新高地，塑造创新驱动发展新优势，绘就山水人城和谐相融新画卷"的重要指示精神，把修复长江生态环境摆在压倒性位置，着力建设高水平黄金经济带、生态屏障带、文化旅游带，以更大力度提升城市宜居宜业宜游水平。其中，张家港市、常熟市、太仓市充分发挥自身资源禀赋优势，积极建设活力充沛、环境优美、社会安定、文化繁荣、开放包容的宜居城市，创造了一系列看得见、摸得着、感受得到的发展成果。

张家港市：精心擘画"江海交汇第一湾"

张家港市是一个典型的江边城市，因江而名，因江而兴。改革开放以来，张家港市以港兴市，凭借规模企业集聚、临港产业发达、外向型经济活跃等优势条件实现了快速发展。然而，一系列深层次矛盾和问题也逐渐浮现，如占用土地等资源要素较多，有着分散、低效、高耗、污染等缺陷，发展空间日趋收窄；临江的一些"散乱污"企业更对长江生态环境带来负面影响；人水争地矛盾逐渐显现，沿江居民"临江难见江，近水难亲水"的现象突出，等等。近些年来，张家港积极响应习近平总书记"共抓大保护、不搞大开发"的发展理念，积极探索、着力模塑优美江边宜居城市。

一是协调好经济理性和生态理性的辩证关系。经济理性和生态理性既是对立的，又是统一的。协调好经济理性和生态理性的辩证关系，就是处理好发展和保护的关系。张家港市坚持生态优先和绿色发展的价值取向，通过三项措施不断提升城市宜居水平。其一，强化规划引领作用。高标准编制张家港湾规划，分类管理核心保护区、限制游览区、一般游览区。其二，清退低效生产岸线。以点带面引导沿江低效码头企业退出，全面清理江堤外侧养殖业，实现禁养清零。其三，进一步优化沿江产业布局。取消 4 平方千米规划产业用地，恢复生态用地功能，严禁在干流及主要支流岸线 1 千米范围内新建布局重化工园区和危化品码头。

二是把生态修复摆在压倒性位置。张家港统筹山水林田湖草系统治理，实施水域连通、植被绿化等生态修复工程，大力建设湿地与森林共生的生态防护林带。同时，对江堤内外侧以及周边配套观景亭、塔、轩及驿站等设施进行整体改造提升，形成融防汛通道、健步、休闲、观光于一体的滨江亲水景观带。此外，综合运用生态湿地、海绵城市、立体园林等生态技术，构建以滨江景观带、江滩观光园、百亩漫花园、湿地体验园为特色的"一带三园"景观；主动呼应双山、香山两大生态地标，打造张家港沿江旅游观光新品牌。

三是将生态红利转化为推动乡村振兴的发展红利。生态文明建设是人民群众看得见的、能够获得实惠的建设。张家港坚持生态为民、生态利民、生态惠民，以农村人居环境整治为抓手，统筹推进周边村庄的环境综合治理。与此同时，深度挖掘传统村落历史资源，提档升级民宿休闲、传统种植、江滩芦苇观光三大产业，规划建设集中连片、设施配套的高标准农田，促进现代农业和旅游业融合发展，在充实人民群众"钱袋子"的同时，丰富乡村振兴文化内涵。

▶ 常熟市：倾力打造铁黄沙生态岛

常熟市是一个拥有长江岸线 46 千米的滨江城市，位于太湖流域与长江的交汇节点上，也处于长江—太湖生态涵养区的核心界面上，肩负着苏州市全流域生态涵养、生态系统信息能量交换的重任。长江是中华民族的母亲河，也是中华民族发展的重要支撑。然而，随着经济社会的发展，复杂的污染源正使得长江水质逐渐变差、生态环境恶化。近些年来，作为生态边缘效应非常强烈的一个区域，常熟市直面长江保护痛点难点问题，以倾力打造铁黄沙生态岛的实际行动践行保护长江的重大历史责任。

2020 年 11 月 14 日，习近平总书记在全面推动长江经济带发展座谈会上指出："要围绕当前制约长江经济带发展的热点、难点、痛点问题开展深入研究，摸清真实情况，找准问题症结，提出应对之策。"铁黄沙位于常熟市海虞镇望虞河口外侧，是长江滩地上的半岛状沙洲，沙体面积约16平方千米，西南岸边滩面积约4.7平方千米。2018年，国家《长江经济带生态环境警示片》中披露，铁黄沙存在侵占岸线或湿地问题。常熟市委、市政府高度重视，全面落实生态保护措施，坚决整治区域内的生态环境问题，着力对长江岸线中的铁黄沙进行生态修复，倾力打造铁黄沙生态岛。

自2019年5月以来，常熟先后投入4.7亿元用于铁黄沙的建设与生态修复，如今修复成效已逐步显现，铁黄沙已成为集水、草、地于一体的生态绿岛，发挥着重要的生态涵养区功能。常熟市建设铁黄沙生态岛的主要思路是增加生态空间、扩大环境容量。经过多次林木绿化种植，铁黄沙已形成沿堤宽50—80米、面积约3000亩的绿化林带，吹填区内共有芦苇、水草、杨树等自然生长植物群落7000余亩，区域内栖息着100多种湿地植物。岛内道路沿线还种植了虞美人、油菜、金盏菊、二月兰等多种花卉植物，区域生态种植面积已达1116亩，春夏花期将呈现出"江海交汇七彩洲、花海如烟铁黄沙"的生态景象。

铁黄沙良好的生态环境也吸引了越来越多的鸟类，据悉，包括国家一级保护动物东方白鹳在内的176种鸟类已经在铁黄沙生态岛栖息。自2021年3月起，铁黄沙生态岛定时向公众免费开放，全面展示常熟市推进长江大保护取得的显著成效，让广大人民群众共享生态红利。

太仓市：用"一江清水"模塑"现代田园城"

太仓底蕴深厚、人文荟萃、物阜民丰，被誉为"东南之富域""天下之良港"，是江南丝竹发源地、娄东文化发祥地。近年来，太仓市紧扣"现代田园城，幸福金太仓"的目标定位，把习近平生态文明思想贯彻落实到经济社会发展的方方面面，全力守好长江大保护"最后一千米"，用"一江清水"书写长江经济带高质量发展的"太仓答卷"。

太仓市将生态修复作为保护长江的重要环节。第一，不断增加优质生态产品供给。高起点、高标准规划建设娄江新城，推进通江口门引排调度，提档升级七浦塘、荡茜河、新浏河等环城生态廊道，强化十八港、北横沥河、石头塘等骨干河道治理，建成开放市民公园、娄江新城滨河公园、七浦塘生态公园，持续完善"一心两湖三环四园"城市生态体系。

第二，严格执行"三线一单"制度。通过用生态保护红线、环境质量底线、资源利用上线管住空间布局，用环境准入负面清单规范发展行为，太仓生态空间管控区面积由 73.46 平方千米扩大到 147 平方千米，自然湿地保护率达 72.4%，建成区绿化覆盖率达 41.1%。

第三，扎实开展长江岸线植绿复绿与绿化改造提升行动，高标准打造沿江"万亩绿廊"，并推进沿江成片造林。例如，位于太仓市东部的浏河镇沿长江建设了占地 38 万平方米的江滩湿地公园。近两年，浏河镇又在江滩湿地公园两侧新建了占地 28 万平方米的防护林，防护林与江滩湿地公园相连，形成了一道牢固守卫长江岸线的绿色屏障。

第四，全力推进国土空间全域整治，已累计腾出土地超 1 万亩，完成木材行业整治 362 家。在推动产业绿色转型的过程中，太仓坚持以亩产、效益、能耗、环境"论英雄",纵深实施产业准入负面清单管理制度,聚焦投资强度、环境友好度、未来成长度等指标,紧扣容积率、建筑密度、能耗等重点内容,严把产业导向、项目准入、节能减排"三个关口",从严控制沿江及主要入江支流一千米范围内的新上项目。由此,一大批影响长江大保护的问题得到了解决,产业结构调整也跑出了"加速度"。

第三章

智慧城市

　　智慧城市建设是"数字城市""智能城市"的进阶版本，具有更透彻的感知、更广泛的互联互通和更深入的智慧化三个显著特征。它为应对因大城市人口激增给基础设施和服务等方面带来的挑战提供了新的破题思路。要顺应新时代发展趋势，以互联互通、共治共享为理念，多主体、多层次协同共创中国特色的智慧城市建设新局面。

智慧城市设计之困与生成机制——兼论三种系统论

仇保兴

住房和城乡建设部原副部长、国务院政府职能转变与"放管服"协调小组专家组副组长

  智慧城市建设是一项复杂的系统工程。"构成"的系统与"生成"的系统，存在着本质的区别。一个真正能够长久生存、不断演进的智慧系统，应该是能够将"构成"与"生成"有机融合的系统。应以第三代系统论为指导思想，依据民众的实际需求，构建智慧城市公共品的"四梁八柱"。

  二十大报告指出："打造宜居、韧性、智慧城市。"智慧城市是一项复杂的系统工程。智慧城市应采用何种系统论作为设计方法学？关于这一问题，目前学术界与工程界仍存在巨大争议。

智慧城市设计之困

当前，我国智慧城市建设面临的困境主要为两个方面。一方面，片面依赖"构成"——顶层整体设计。"构成"的城市有空中的壮观，但却存在"千城一面"等缺陷。相比之下，"生成"的城市往往更有积淀、更有美的感受，人们往往忽视了数据和系统的许多细节是"生成"的，许多新技术及其应用场景更是"生成"的事实。另一方面，人们往往混淆了手段与目标的区别。智慧城市与传统城市一样，都是为了让人的生活更美好。因此，设计与建设也必须要符合"解决城市病、符合民众需求"。淡化城市治理和民众需求，仅从虚构的顶层设计入手建构智慧城市注定是失败的。

偏好"构成"而忽视"生成"，已成为当前较普遍存在的一种现象，究其原因主要有两个方面。一是秩序偏好。有人错误地认为"从上而下"设计好于"从下而上"生成，这种片面思维否定了人类与生物自身演变的历史逻辑。二是排斥不确定性。人们很容易将复杂性和不确定性看成风险继而排斥，甚至是害怕。然而，随着科技的不断深化，不确定性也随之增长。智慧城市建设正是利用大数据、云计算等新技术之集大成来寻求"不确定海洋"中的"确定性小岛"。

三种系统论的内涵与区别

第一代系统论

第一代系统论是"老三论"——控制论、信息论和一般系统论。控制论是运用信息、反馈等概念，通过黑箱系统辨识与功能模拟仿真等方法，研究系统的状态、功能和行为，调节和控制系统稳定地、最优地达到目标。信息论则是以通信系统的模型为对象，以概率论和数理统计为工具，从量的方面描述信息的传输和提取等问题。而系统论是指运用完整性、集中性、等级结构等概念，研究适用于一切综合系统或子系统的模式、原则、规律，并力图对其结构和功能进行数学描述。

控制论、信息论和一般系统论都采用模型的办法来简化甚至忽略构成系统的基本元素。第一代系统论描述的"系统"是典型的"构成"系统，虽然结构日趋复杂、元素也日新月异，但元素间的差异性小、趋于均衡，缺乏自适应能力。

第二代系统论

第一代系统论面临不能解释不确定性的问题，于是第二代系统论应运而生。第二代系统论由耗散结构、突变论、超循环、协同学等组成。第二代系统论描述了复杂系统的不可预知性。较之第一代系统论，第二代系统论认为：系统的元素可以是分子、原子，也可以是有机体。主体元素的特征是动态，而非静态，元素间存在着差异性，各子系统、各主体的性质不同，相互作用，但主体缺乏对外部世界的自主观察和对环境的适应性，这些系统可以用概率统计方法进行描述。

第三代系统论

在第一代和第二代系统论中，系统的主体被人为地高度简化，人为地消除了真实主体普遍具有的能动性以及与环境、与他人之间相互的作用性，这些简化不符合主体有自主发挥的积极性和能动性的实际情况。为研究"复杂性科学"，第三代系统——复杂适应系统（英文简称 CAS）应运而生。CAS 把构成系统的元素从类同于原子、没有生命、没有差异等假设中解放出来，从第二代系统论主体有一定差异性但没有主动性中解放出来，承认系统主体能自动适应新环境、能与其他主体互动并构成环境等作用，并把其称为适应性主体。适应性主体具有主动性及感受环境的能力，能适应性调整等特征。

适应性主体与第一代、第二代系统的简化主体的区别主要有五点。第一，主体间差异性很大；第二，相互构成"环境"，主体间能相互作用；第三，存在无处不在的"反馈"；第四，系统的状况与演化是无数主体相互作用"生成"的结果，具有不确定性；第五，系统的过程属于受限生成，而非无限生成。

第一代、第二代系统论都只是"构成"的方法论，只有第三代系统论涉及"生成"，并将"构成"和"生成"有机结合，使人们第一次在系统方法论方面有了突破。基于第三代系统论，智慧城市的设计和建设应是"生成"和"构成"的有机结合。

▶ 智慧城市公共品的"构成"——"四梁八柱"

城市政府最重要的职能是为民众提供足量的、优质的"公共品"，从而提高城市的经济效益和人居环境。"公共品"是指"将商品的效用扩展于他人的成本为零，无法排除他人参与共享"。智慧城市公共品的构成应聚焦"四梁八柱"。

主梁之一：精细化网格化管理系统

精细化、信息化的网格把复杂的现代城市化繁为简，网格化管理把"格"中的每个单元的民众活动和公共品等标准化，再通过感知、运算、执行、反馈等程序构成一个"感知—执行—反馈"的闭环管理单元。通过精细化、信息化和标准化的管理，无数个闭环就构成了现代城市的高效化、精细化管理模式的基础。

主梁之二："一网通办""放管服"等政府网络服务系统

我国政府开始分级改进和考核各级政府的网上服务能力，即如何通过地方政府网站进行迅速反馈落实企业和民众的需求。政府内部职能数字化集成程度越高，市民一个窗口能办理的事情就越多，而且有利于"从下而上"涌现出大量的新模式，例如并联审批、告知承诺、联合审图、联合验收、多评合一等基层治理创新经验。

主梁之三：城市公共安全监管系统

对于城市公共安全的监管，我们可以围绕以下几个重点领域展开。公共卫生、防疫；针对"易发性"灾害的脆弱点，事先对其进行检测排查；对涉恐分子，可以对其进行轨迹分析，自适应式补救防护漏洞；韧性分布式基础设施，可以进行自诊疗系统；对城市中高温高压易爆装置，可以事先装上传感器，借助云计算服务进行智能分析，一旦到了警戒线，系统就能自动报警；除此之外，还有对食品药品进行安全溯源监管，等等。涉及城市安全的诸多领域都是市场机制难以自发完善的，因此，以上内容对于企业来说是做不了的或做起来不合算的领域，需要政府设立专门信息系统进行主导性对应。

主梁之四：公共资源管理信息系统

现代城市公共品最宝贵的资源即是稀缺的空间资源以及空间资源所产生的数据。除传统的公共资源以外，在数字时代，产生了大量公共数据，对于这些公共数据，我们可以采取"一库共享，分布存取"的治理模式，为整个城市提供优质的公共品，这也是现代新型城市建设需要不断深入探讨的一项非常重要的工作内容。

智慧城市核心公共品的构成，除要有"四梁"之外，还需要"八柱"，即"智慧水务、智慧交通、智慧能源、智慧公共医疗、智慧社保、智慧公共教育、智慧环保、智慧园林绿化"，这也是构成城市政府职能最主要的支撑。

对于任何一个运转良好的智慧信息系统而言，它既不可能"绝对生成"，也不可能"绝对构成"，而应是"生成"与"构成"的有机结合。而越具有公共属性的信息系统，政府主动"构成"设计的比重就越大，因为"城市公共品"的性质就决定了其不可能通过市场机制或市场主体和市民奉献资源从下而上凭空生成。

智慧城市"生成"的三大机制

第一个机制——"积木"

对于智慧城市"生成"的三大机制，第一个是"积木"。"积木"即是已存在和已被创造的"知识、经验"等子系统，它们可以通过不同方式进行组合，以应对可能出现的不确定性和城市病。积木的组合可以从小到大，例如现代生物学越来越趋向于对群体的行为进行深入研究；也可以从大到小，例如现代物理学越来越专注于微观世界的基本粒子及其作用力研究，等等。

当系统某个层面引进了一个新的"积木"，这个系统就会开启新的动态演变流程，因为新"积木"会与现存的其他"积木"形成各种新组合，从而大量的创新就会接踵而至。

第二个机制——"内部模型"

当系统主体遭遇到新情况时，会将已知的"积木"组合起来，用于应对新情况。这种生成的子系统解决问题的能力结构就被称之为"内部模型"。不同"积木"组合之所以"有用"，就是因为形成了新的"内部模型"，也就是使智慧城市中的相关主体有了对未来的判断与应对能力。各类大数据的集中如果再加上人工智能等新"积木"的运算，就能产生有用的预测结果，否则还不如原先彼此孤立的"小数据"。

积木生成"内部模型"是 CAS 的一个普遍特征。在这些内部模型中有些已经经受了历史长河的洗礼，成了"隐性"的内部模型。例如人类的 DNA，其变化的时间尺度约等于进化的尺度。人体的胚胎细胞经过发育后成长为一个完整的人，而不是发育成其他物种或部分人体，因为在演变过程中类似的这种 DNA 的隐性内部模型具有坚韧性。

第三个机制——"标识"

在 CAS 中，标识是为了集聚和边界生成而普遍存在的一种机制。"标识"可以帮助主体观察到隐藏在对方背后的特性，能够促进"选择性相互作用"，为筛选、特化、合作等提供基础条件。同时，"标识"还是隐含在 CAS 中具有共性的层次组织机构（主体、众主体、众众主体……）背后的机制。"标识"总是试图通过向"有需求的主体"提供连接来丰富内部模型。

因此，"标识"在整个智慧城市"生成"的设计机制中扮演着重要角色。"标识"在普通应用场合可能是"隐形"的，但是在"混乱的场景"中，"标识"可起到关键性协调作用，它能够将需求与供给进行高效组织自动配对的同时，也能为城市在受到不确定性干扰时提供保障。

综上所述，"构成"的系统与"生成"的系统间存在着本质区别，但一个真正能长久生存、不断演进的智慧系统，肯定是能将"构成"与"生成"有机融合的。智慧城市作为科技发展不确定性最大的新领域，必须利用第三代系统论充分发挥市场和社会主体的三大新机制，"从下而上"生成自适应的智慧城市。同时利用顶层设计机制构建"四梁八柱"，帮助打通信息孤岛，借助基层民众和市场主体的创造力和积极性为城市高效运转带来创新与活力，使城市的"智慧"得到更快的迭代式增长。

智慧生态城市：内涵、架构与运行机理

李百炼

美国加利福尼亚大学生态学教授、美国人类生态科学院院士、俄罗斯科学院外籍院士

伍业钢

美国伊科集团首席生态学家

　　智慧城市必然是生态城市，这样才得以可持续，才得以提升韧性。智慧生态城市就是以人为本的城市，是创新型城市，是与自然融合的城市，是生态可持续的城市，是以新一代信息技术为支撑的"智慧生态城市大脑"。通过四大智慧平台，"智慧生态城市大脑"对城市建设提出智慧管理最佳方案，并针对城市应对突然灾害、生态修复、资源管理、生态安全制定应急措施和应对方案。

　　什么是智慧城市？简单来说，"智慧城市"即是把新一代信息技术充分运用到城市发展和管理的各行各业之中。一座城市最大的韧性和可持续性来

自城市发展与自然的和谐共生。什么是生态城市？世界银行将生态城市定义为"通过综合城市规划和管理，及利用生态系统提供服务的资产，提高公民和社会福祉的城市"。具体可阐述为：一是生态健康城，它保证了生态系统健康（包括生物多样性）、社区健康、经济发展健康、城市空间发展健康；二是环境良好型城市，它力求城市产生的废物不超过它可以吸收或回收用于新用途，并且不会对城市生态系统和自然资源产生毒性；三是绿色低碳城市，生态城市是一个生态系统，它需要能量来促进增长，因此，生态城市应该是一个低碳城市、碳中和城市；四是资源节约型城市，生态城市的可持续发展，取决于对资源的节约利用和保护；五是可持续发展城市，即城市发展不超过生态承载力，其消耗的可再生资源不超过替代的资源。

▶ 智慧生态城市之智慧生态健康城市

智慧健康医疗网络

这个智慧健康医疗网络应包括三个要素，连通性、数据和政府。使用设备收集和交换数据的政府可以制订计划并快速做出保护公民健康的决定，尤其是在重大全球危机期间。智慧生态健康城市需要都市与农村地区不同的解决方案。例如，在一项检查COVID-19的研究中，有84%的病例来自都市地区。使用互联网、云数据技术解决城市医疗危机从未如此重要。智慧生态健康城市利用大数据增强公共卫生的五种方式：应对边远地区和突发公共事件的管控、加快给感染者和密接者的信息预警、患者的及时治疗和最佳方案的选择、增强对医疗大数据的研究、使用人工智能网络安全保护患者健康记录。智能健康医疗网络的安全，可以通过区块链技术来实现。它是一种点对点（人对人）的去中心化分布式账本技术（数据输入输出），它使任何数字资产的记录透明且不可更改，并且在不涉及任何第三方中介的情况下运行（储存）。

一个智慧生态健康城市同时专注于智慧保健、智慧医疗、智慧公共卫生、智慧政府服务。数字和移动技术的使用正在为居住在城市中心的人们创建智慧医疗保健解决方案。统一的医疗保健系统、数据的收集和共享、分析和研究实践将开创解决现代健康问题的新纪元。不断增长的人口和城市生活方式需要智慧医疗网络，以更快、更有效的方式服务于患者和保障公众健康。智慧医疗涉及最新的数字和移动设备，它们是医疗保健中的物联网（IOT），通过传感器工作并远程收集患者的数据。医生、研究人员和医疗保健专业人员可以存储和分析这些数据，以提供更好的诊断和解决方案。这些数字记录为患者和医院节省了成本和时间，因为它们不仅提供个性化的治疗和药物，还通过实时数据收集提供预防措施。另外，对于智慧保健的未来，许多公司正在投资物联网医疗保健和可穿戴设备，这些设备收集数据并将其构建为结构化形式。它们还使用人工智能（AI）来评估这些数据和可能的结果，以便迅速解决问题。很多时候，当专科医生在别处时，也需要智慧机器人的帮助来与患者进行沟通，为其诊断和治疗。

智慧海绵城市

所谓智慧海绵城市，就是借用新技术处理好社区、城市、流域这三个不同生态尺度上雨水管理的生态关系，只有这样，才有可能避免"城市看海"。

从社区的生态尺度来看，就是要通过 GIS（地理信息系统）地形分析，做好绿地的空间布局，让雨水就地下渗、减少地表径流，使雨水尽可能进入绿地，而不是进入管道，减少冲刷和水土流失，雨水通过绿地下渗、净化污染。因此，绿地面积和绿地空间格局很重要。

而在城市区域的生态尺度上，智慧雨水管理采用智慧最佳管理决策模型和云数据，预测降雨强度和频度对城市地表径流的影响，关注地表径流与城市湿地、城市公园、城市雨水管理设施、城市临水而居等要素的空间布局和生态关系。为了避免"城市看海"，就应该在尊重地形地貌、植被、土壤、水系的基础上，把城市建设在该城市区域的安全高程之上，应该避免占用水面，应该"围城"而不是"围水"。

从流域的生态尺度上，智慧雨水管理强调保护水系的自然水文形态，保护河流的弯曲度，保护河漫滩和湿地，更重要的是要保护水系水岸植被，需要加大力度恢复湿地和水面的面积。需要建立流域水动力模型，通过气象大数据、水文数据、流域地形、植被空间格局、湿地和水系空间格局模拟水系动态，为智慧城市雨水管理和"城市看海"做出预测，应对各种可能性的决策。应该说，"城市看海"是在流域的生态尺度上产生的问题，也只能在流域的尺度上解决问题，这是生态学的基本常识，即一切生态关系是以生态尺度为基础的生态系统关系。

智慧生态基础设施建设

最重要的智慧生态基础设施建设就是智慧流域生态系统的管理、修复和建设。由于流域是各种生态系统（森林、湿地、水系）与农业、环境、城市和经济共同发展的基本单位，因此在流域范围内实施智慧管理和生态基础设施建设至关重要。从这个意义上说，流域规模的智慧管理是将新信息和通信技术（ICT）的连通性引入流域管理实践中，以便在更好的决策制定或更有效的开发运营和管理中提供附加值。通过这种方式，不同的 ICT 解决方案，如精密设备、物联网、传感器、地理信息系统、大数据、卫星遥感、无人机和机器人技术，需要通过流域景观空间模型和动态决策模型，提供给智慧流域生态基础设施建设的决策者、政策制定者、管理者和公众，为具体决策和实施提供智慧方案。

　　智慧流域生态基础设施管理包括智慧水资源管理、智慧供水管理、智慧雨水管理、智慧水质管理、智慧流域生态系统管理，以及智慧农业、智慧城市发展等所有原则和概念。通过比较常规技术，选择合适的智能技术和新技术至关重要。总而言之，这些决策需要技术评估和评估工具以及健全的流域生态系统信息和景观空间信息。然而，流域正确实施智能技术必将方便我们的生活并保护我们宝贵的资源，而智慧流域生态基础设施管理可以提供显著的环境效益和经济效益。

智慧生态城市之智慧环保城市

智能废物管理解决方案

　　使用放置在固废箱中的传感器来测量固废填充水平，并在固废箱需要清空时通知城市收集服务。传感器收集的历史数据可用于识别填充模式、优化驾驶员路线和时间表并降低运营成本。相关数据显示，2020年我国城市固废量达310.9百万吨，同比增长1.5%。当前的收集方法是定时、高度资源密集型的收集系统，该系统造成了半满的固废箱被清空，同时消耗大量的运输燃料，浪费城市资源。在物联网和各种超声波传感器的帮助下，智能垃圾管理使用放置在垃圾容器中的传感器来测量固废填充水平，并在固废箱需要清空时通知城市固废管理者，并优化驾驶员路线和时间表、降低运营成本。智能固废管理可以将垃圾收集成本降低至少40%，并将城市固废运输的碳排放量降低60%。

污水管理系统

智慧污水管理系统的核心是一个革命性的智能传感器，标准配备Wi-Fi和高分辨率智能传感器网络。智慧污水管理系统可以让城市更智慧。出于对城市宜居环境的追求，智慧污水管理系统正在兴起。使用物联网的智慧污水管理系统包括容量和重量传感器，以及将数据传输到云端的通信系统。

智慧环境监测系统

智慧环境监测系统属于智能环境范畴，是物联网的具体实现，旨在让人们的生活更加安全、舒适、环保、高效。智慧环境监测系统监测的重点是空气、土壤和水。例如，在空气监测中，传感器网络和地理信息系统监测污染、地形和气象数据以分析空气污染物。在水监测中，分析水样以根据人口统计数据测量化学、放射学和生物数据。在土壤监测中，监测土壤的盐度、污染和酸度，以分析农业中的土壤质量，并预测侵蚀、洪水和对环境生物多样性威胁的可能性。智慧环境监测系统监测的另一个应用是空气质量。

智慧生态城市之智慧绿色低碳城市

智慧分布式能源系统

未来的能源系统，即智慧分布式能源系统，它是先进的数字仪表、配电自动化、通信系统和分布式能源资源的集成系统。国家能源局综合司下发的《关于报送整县（市、区）屋顶分布式光伏开发试点方案的通知》要求：整县（市、区）实施分布式光伏开发试点场景。建立保障性并网、市场化并网等并网多元保障机制，在确保安全的前提下，鼓励有条件的场景用光伏项目配备储能。风能、太阳能完全可以取代化石能源，实现碳中和目标。

智慧新能源汽车

碳中和事关国家能源安全，是蓝天白云、是清新空气、是百姓健康、是无价的财富。显然，国家碳中和战略包括了新能源汽车的发展。相关数据显示，2020 年中国汽车保有量达 2.81 亿辆。截至 2020 年年底，全国新能源汽车保有量达 492 万辆，占汽车总量的 1.75%，比 2019 年增加 111 万辆，增长 29.18%。其中，纯电动汽车保有量 400 万辆，占新能源汽车总量的 81.32%。

新能源汽车增量连续三年超过 100 万辆，呈持续高速增长趋势。另据国家有关规划和预测，到 2025 年，全国新能源汽车新车保有量将超过 2500 万辆；到 2030 年将达 8000 万辆。

创新型城市建设

智慧绿色低碳城市与信息技术（IT）的交集将需要来自多个学科的专业知识和工具的复杂整合——从建筑设计和房地产开发，到交通和供水系统、信息技术硬件和软件，以及能源供应商等。智慧绿色低碳城市需要创新绿色硬基础设施，但更多地需要"软"成果的实际使用。在智慧绿色低碳城市，信息技术和清洁能源交叉领域的创新是政府管理者的首要任务。智慧绿色低碳城市还追求流程、服务、模型和平台的创新。采取行动的范围从单个产品到建筑和交通系统，再到智慧生态城市等整个城市综合体。

▶ 智慧生态城市之资源节约型城市

智慧都市农业

全球的农业景观差异很大，且世界大部分地区高度依赖天气条件，并且缺乏适当的基础设施。实施智慧都市农业系统可能正是解决问题的方法。相关数据显示，城市容纳了全球 54% 的人口，而到 2050 年这个数字大概会上升到 70%~80%。从这些数字来看，城市农业比以往任何时候都更有意义。

事实上，都市智慧农业降低了食品运输成本和相关的环境影响。但是，城市在哪里可以找到大量的种植空间呢？垂直农业是城市中一种新的农业方法，通过在室内和室外垂直堆叠的区域种植，解决了城市房地产稀缺问题。尽管占用的空间有限，但这种方法允许农民通过各种新技术控制生产的大部分要素：植物接收光的类型和数量、它们生长环境的温度、它们获得的水和养分的量。单从产量来说，垂直农业就要比传统农业的生产力高 7—8 倍。智慧都市农业完全融入智慧城市生态系统，还有利于解决都市人口密度大和城市农业污染问题。由此可见，智慧都市农业关乎农业安全、食品安全、粮食安全、种子安全、城市安全。越来越多的都市农业是智能的、数据驱动的，同时，智慧都市农业通过"精准农业"——传感技术来收集与生产过程相关的各种数据。对这些数据的分析可以实现更优化、定制化、自动化、智能化的农业生产。

智慧特色小镇

智慧特色小镇利用各种信息技术或创新，集成城市的组成系统和服务，以提升资源运用效率，优化城市管理和服务，以及改善市民生活质量。智慧资源节约型城市把新一代信息技术充分运用到城市的各行各业之中，是创新的城市信息化，实现信息化、工业化与城镇化深度融合，有助于节约资源，提高资源利用效率和城镇化质量，构建用户创新、开放创新、大众创新、协同创新为特征的城市可持续创新生态。按照这一理念，青岛市李哥庄帽饰产业小镇以三大传统产业的价值吸引力，聚合相关资源，形成小总部经济的特色小镇。在建筑中融合智慧交通、智慧销售、物联网的设计，塑造出时尚、现代、简洁大方的艺术氛围。

智慧水生态系统管理

智慧水生态系统管理的目标在于节约水资源、提高水资源利用效率，以保证水生态安全，其关键在于流域生态系统的健康。智慧流域管理涵盖了智慧水务管理、智慧农业、智慧城市发展等所有新技术及流域生态系统管理原则和概念。随着智能流域网络管理新技术的实施，降低了各种天气的不良影响，并得益于实时控制功能，城市和流域更加安全，洪水和财产损失风险也降低了。流域生态系统管理原则和概念阐明，水系污染和水生态系统的破坏都直接来自陆地，来自人类社会活动对流域生态系统健康的严重影响。水生态安全不能仅盯着水系，它依赖于流域生态系统的健康。具体措施包括：在全国推动实现从消灭黑臭水体，到水生态系统修复，再到流域生态系统治理的提升；在全国建立起各等级流域的划分，将"河长制"改为"流域长制"；治水先治坡、修复水生态系统关键在修复陆地生态系统（森林生态系统、湿地生态系统）；正确定义湿地，完整的湿地定义必须同时满足三条标准：一是干湿交替的水文，二是能生长的湿生植被（挺水植物、沉水植物、浮水植物），三是具有湿地的厌氧土壤。要把流域生态系统修复与治理提高到生态基础设施建设的高度，提高到落实"绿水青山就是金山银山"理念的高度。

智慧生态城市之可持续发展城市

可持续性的维度

智慧生态城市建设已成为应对快速城市化带来的可持续性问题的可能解决方案。它们被认为是可持续未来的必要条件。尽管其最近很受欢迎，但由于现有定义过多，文献显示智慧生态城市一词在概念上缺乏清晰度。这些定义是根据各自考虑的可持续性维度（环境、经济或社会）以及他们赋予可持续性概念的优先级进行评估的。这些各自考虑的可持续性维度揭示了对"智慧生态城市"定义的共同和不同特征，并存在一定的局限性。这种局限性似乎与各自的信息可及性、虚假陈述和现有城市结构的特殊性有关。

可持续性的要素

智慧生态城市是一个旨在使自己变得更智慧、更可持续、更高效、更公平和更宜居的城市。许多关于智慧生态城市的定义是多种多样的。它们的多样性包括一个城市需要包含哪些元素才能被视为智慧生态城市、需要使用哪些资源、需要呈现哪些特征，以及智慧生态城市的目标、目的和范围等。虽然"智慧生态城市"这一术语越来越多地被运用，但智慧生态城市界定的模糊使城市政策制定者感到困惑，他们致力于制定公共政策以实现向智慧生态城市的过渡。这种转变被决策者视为必不可少的，并反映在第 11 个联合国可持续发展目标（SDG）的制定中，旨在使城市具有包容性、安全性、弹性和可持续性。随着智慧生态城市重要性的不断凸显，其定义的混乱越来越令人担忧，这将对公共利益和价值的创造产生影响。因此，联合国根据第 11 个可持续发展目标与智慧生态城市之间的相关性，明确了智慧生态城市定义中涉及的可持续性扩展范围。这种概念清晰度不仅对学术和实践的进步至关重要，对公共政策制定者的决策过程更具有重要的参考价值。

城市生态系统治理

作为生态可持续的智慧生态城市必须应对全球气候变化对城市生态系统产生的前所未有的影响。这个影响不在于全球气温升高 1 摄氏度还是 2 摄氏度，这个影响是"突发的""极端的""不可预测的"。比如，河北省赞皇县属暖温带大陆性季风气候，年平均降水量 570 毫米。而 2016 年 7 月 19 日凌晨 4 点开始，短短 28 小时内，赞皇县平均降水量达 419.2 毫米，嶂石岩乡最大降雨量达 721 毫米，全县 24 个雨量监测点全部达到特大暴雨级。赞皇县 64 座水库中有 48 座水库出现溢洪或漫坝，白草坪水库入库流量洪峰达到 1249 立方米/秒。这样的极端降雨和突发性的自然灾害，要求每个城市生态系统的治理都必须建立起完整的应对措施，以降低其灾害程度。要实现这一点，就必须把城市生态系统的生态基础设施建设提高到新的高度，着眼于应对突发的、极端的、频繁的气候灾害。

而应对气候变化涉及两种可能的方法：减少和稳定大气中吸热温室气体的水平（"缓解"）和适应已经在进行中的气候变化（"适应"）。智慧生态城市之全球气候变化应对策略就是向全球提供气候数据，包括公众、政策制定者和决策者以及科学和规划机构。这些应对策略包括：保障生命财产安全、创造就业机会、保障农业粮食安全、保障清洁能源安全、GDP 快速增长，以及减少污染排放。

智慧生态城市大脑及其运作机理

总而言之，智慧生态城市就是以人为本的城市，是创新型城市、生态可持续城市，是以新一代信息技术为支撑的可持续"智慧生态城市大脑"。"智慧生态城市大脑"的实施可以通过以下措施来推进。一是打造四大智慧平台。即流域生态系统智慧平台、流域生态环境智慧平台、城市生态基础设施智慧平台、城市绿色低碳智慧平台。二是通过建立四大智慧平台建立对应的四大模型。即流域生态系统模拟模型、流域生态环境模拟模型、城市生态基础设施模拟模型、城市绿色低碳模拟模型。三是实施智慧监测监控系统。运用大气在线监测、水质在线监测、（红外）传感器、网联仪器、网联监控设备、一物一芯片、一物一码、无人机等智慧监测监控手段达到实时监测、动态跟踪的要求。四是用 GIS 软件来满足四大智慧平台空间数据及生态空间模拟模型要求。应用数字高程模型（DEM）制作数字地形图，数字地表模型（DSM）用于景观建模，城市建模和可视化应用程序，以及土地利用需要建立的数字地形模型（DTM）。五是通过对卫星图片、遥感图片、航拍图片的解析、解读、数字化信息分析，建立智慧生态云数据库，云数据服务平台包括数据评估、风险评估、数据安全。通过四大智慧平台，"智慧生态城市大脑"对城市建设提出智慧管理最佳方案，并针对城市应对突然灾害、生态修复、资源管理、生态安全制订应急措施和应对方案。

智慧城市建设的核心理念与应然路向

吴建平

清华大学土木工程系教授、俄罗斯工程院外籍院士

智慧城市建设是一种以生态环境为基础，提高经济生产力、改善人民生活水平的有效途径和方法，是城市高质量发展的必然途径。为提高公民生活质量、应对因大城市人口增长给基础设施和服务等方面带来的挑战，世界各地有许多城市启动了智慧城市发展计划，但侧重点各有不同。我国在智慧城市建设中，可吸取国外成功的智慧城市建设经验，避免规划"贪大求全"、建设"重硬轻软"、政府"唱独角戏"等问题，同时各级政府应加强数据开放、强调建设质量和效益，统筹社会资源，共创中国特色的智慧城市建设新局面。

党的二十大报告指出："加强城市基础设施建设，打造宜居、韧性、智慧城市。"这为未来智慧城市建设指明了发展方向。党的十八大以来，我国通过推进现代化产业体系建设，加快数字化、信息化发展进程，促进物联

网、数字经济等发展，为智慧城市建设提供了坚实基础。

智慧城市建设是城市高质量发展的必然要求。疫情等重大突发公共事件对城市的应急响应、韧性等方面提出了更高要求，城市化的发展进程深刻影响着城市的发展路径，新兴技术和理念的逐渐发展成熟，为未来城市的健康可持续发展提供了更多可能。面对日益凸显的城市问题与人民群众对美好生活的向往与追求，智慧城市建设给出了新时代的智慧解答。

▶ 智慧城市的概念及构成要素

"智慧城市"的概念起源与"数字城市"和"智能城市"息息相关。"数字城市"是人类对"智慧城市"的初步认识，它的目标是最大限度地数字化人类所参与的日常活动。"智能城市"作为"数字城市"的进化版本，纳入了基于人工智能的高水平决策。"智慧城市"相比"智能城市"，考虑范围更为综合、决策过程更为智慧、实践应用更为便利、群众接纳更为容易。当前的智慧城市概念，是整合了数字城市、生态城市和创新城市的立体城市概念，具有技术和社会双重属性，其核心理念是通过利用新一代信息技术来改变政府、企业、民众和环境交互的方式，以一种更智慧的方法提高交互的明确性、灵活性、效率和响应速度。因而，智慧城市建设应该含有经济、治理、环境、人员、流动性和生活六大要素；智慧城市应该具有更透彻的感知、更广泛的互联互通和更深入的智慧化三个显著特征。

智慧城市是一种以生态环境为基础，提高经济生产力、改善人民生活水平的有效途径和方法。综合来讲，智慧城市涉及生产、生活和生态的方方面面。第一，通过智慧城市建设改善生产结构，促进经济发展。第二，广泛推进公共设施的智能化建设，为解决民生问题提供智慧支持。第三，重视自然生态问题，倡导绿色低碳生活，为实现生态可持续发展贡献力量。智慧城市建设，应以大规模异构型数据的获取、储存、处理和应用为基础，以物联网、云计算、大数据等信息与通信技术为技术支撑，不断推进智慧医疗、智慧交通、智慧金融、智慧教育和智慧管理等基础建设。

2022年10月，《新型智慧城市评价指标》(GB/T 33356-2022)(以下简称《评价指标》)正式发布。《评价指标》指出，要从两个大的方面去评价智慧城市建设，一是客观指标，这包含惠民服务、精准治理、生态宜居、信息基础设施、信息资源、产业发展、信息安全和创新发展；二是主观指标，即市民体验。智慧城市建设要让人民群众真正有获得感。

▶ 国内外智慧城市建设实践探索的对比分析

世界各地有许多城市面临着因大城市人口增长给基础设施和服务等方面带来的挑战，为提高公民生活质量，许多城市启动了智慧城市发展计划，但侧重点各有不同。国外的智慧城市建设重点关注智慧生活、智慧经济、智慧治理、智慧环境、智慧电力、智慧通信和智慧交通。美国将智慧城市建设提升到国家战略高度，在基础设施、智能电网等方面进行重点投资与建设，是首批启动智慧城市项目的国家之一。欧盟倡导在欧洲推广智慧城市，启动智慧城市和智慧社区建设，聚焦提升能源使用效率，取得了较大成果。日本致力于打造市民驱动的、提升信赖度和活力的数字城市。新加坡宣传了"智能国家2015"计划，希望建设一个更加智慧的未来城市。不仅许多发达国家积极投身于智慧城市探索与建设，许多发展中国家也采取了实际行动加快智慧城市的建设步伐。发展中国家城市化速度往往更快，其面临的基础设施问题相对也更大一些。2014年，印度宣布打算在全国建设100多个具备高科技通信能力的智慧城市。

我国最早于2012年启动智慧城市较大规模的试点，并于2014年将智慧城市上升为国家战略，2016年底确定了新型智慧城市的发展方向，将建设新型智慧城市确认为国家工程。截至2012年年底，自正式启动首批国家智慧城市试点计划后，便已覆盖90个城市；随后又于2013年5月、2015年4月，分别新增第二批103个、第三批97个试点城市。2019年我国智慧城市高达789个，到2020年12月，我国智慧城市建设已有900多个，在战略、技术创新、社区、民生、政务管理、人文旅游等多个方面，涌现出一大批代表城市。目前，我国的城市建设正逐步向高质量的智慧城市迈进。

我国的智慧城市发展大致可分为四个阶段。第一阶段：概念导入期。在政府主导下，各行业逐步推进数字化、智能化，无线通信、光纤宽带和GPS（全球定位系统）等技术。第二阶段：试点探索期。随着城市化进程加速，在国家相关部委牵头试点建设下，云计算、RFID（射频识别）等信息通信技术得到全面应用，各业务领域开始探索局部联动，共享智慧城市步入规范化发展阶段。第三阶段：统筹推进期。在国家25个部委共同推进指导下，发挥市场主导作用，国内互联网企业、运营商、软件服务商、系统集成商等积极参与其中，进入以人为本、成效导向、统筹集约、协同创新的新发展阶段，物联网、5G、大数据、人工智能、区块链等新技术应用前景广阔。第四阶段：集成融合期。呈现"数字孪生驱动、平台赋能、资源共享"等发展特征，政府各部门统筹协作，形成合力，通过政企合作，促进跨行业、跨生态合作，逐渐形成共创共赢的深度融合发展新局面。

综合来看，国内外智慧城市建设思路与模式存在差异。国内外智慧城市的建设主导角色不同、建设规模不同、对城市利益考虑角度不同、建设侧重点不同。我国智慧城市建设发展至今，主要是以各地政府为主导对整个城市进行规划。如智慧广州的建设，就是在政府的谋篇布局和大力支持下，广州联通积极配合打造了"智慧广州"。国外尤其是发达国家，政府的投资力度远不及电信企业和相关建设领域的高科技企业及科研机构等。国外往往是针对单一或某几个项目的利益考虑，没有对整体城市进行智慧化规划，因为他们认为这种建设模式难以把控。

▶ 我国智慧城市建设存在的主要问题及分析

我国智慧城市的市场规模逐年增长。自我国推进智慧城市建设以来，住建部共发布三批智慧城市试点名单，截至 2020 年 4 月初，我国智慧城市试点总数量已达到 290 个。从建设布局层面来看，290 个智慧城市的试点基本包含了各个省、市及自治区。从智慧城市分布密度来看，各省市试点数量分布不均衡，主要集中在中东部，其中东部沿海地区分布最为集中。从综合建设情况来看，北京、上海、深圳等一线城市持续领先，在智慧城市战略、技术、领域和创新能力方面表现良好。

目前，我国智慧城市正逐步迈入高质量发展阶段，但在智慧城市建设的发展历程中，依然存在一些不足和短板。以下几方面的主要问题相对较为普遍地存在于我国各地智慧城市建设的过程中。

第一，贪大求全。在智慧城市设计与建设的过程中，有些地方政府没有结合城市建设和发展的目标，选择与之匹配的合理的智慧城市建设目标、规模、项目和技术路线，单纯地追求大而全，于是在有限的时间和资金条件下，相当一部分智慧城市建设项目没有取得预期效果。

第二，千城一面。在智慧城市设计与建设的过程中，有的地方政府不注重考虑城市自身的特色优势以及经济建设、民生建设和生态建设中的主要问题和实际状况，而是一味照抄先进城市和示范城市的经验和做法，从而大大降低了智慧城市建设应该取得的社会、经济和环境效益。

第三，华而不实。有的地方政府在智慧城市的设计与建设过程中不大注重实际效益，而是片面追求表面功夫。例如，有的城市到处都是摄像头和大屏展示，但却不大追求数据感知的质量、完整性和数据的整合共享，让大量的数据只停留在大屏展示的初始阶段，并没有对采集到的数据通过数据开放平台，让相关领域专家和企业通过智慧分析、智慧计算和智慧运行得出具有指导意义的结论分析，从而导致数据难以真正在城市的智慧运行和智慧管理中发挥应有的作用。

第四，重硬轻软。有的地方政府在智慧城市建设中，舍得在硬件上投资，但是却不重视把项目资金用于采购软件，开放数据让专业的技术人员进行数据分析、智慧计算、构建模型软件，从而让采集到的数据真正在智慧城市的民生建设、经济建设和环境建设中发挥作用。实际上，硬件的生命周期相对较短，不注重软件投入、不注重数据应用，若干年后，一批硬件可能还没有充分发挥作用就报废了。这一困境如得不到有效解决，不仅让智慧城市建设事倍功半，没有达到预期目标，也会造成智慧城市建设的投入产出效益低下。

第五,独角唱戏。目前,我国大多数智慧城市建设都以政府投入为主,这在城市信息基础设施建设(数字城市)阶段有一定的优越性,避免了数据多头采集,造成数据孤岛、资源浪费。然而,一旦城市信息基础设施建设基本完成,一定要建立完善的数据开放和管理体系,要形成政府引导、全民参与、政企合作的多方共建生态。这不仅可以带动城市的数据产业、数字经济的发展,还能发挥各个不同领域专业技术人员的作用,将数据真正利用起来,在城市智慧治理中发挥积极作用。

▶ 关于我国智慧城市建设的几点思考

综合考虑以上存在的主要问题,未来我国的智慧城市建设应该努力做好以下几方面。

第一,做好顶层设计。智慧城市是一个开放复杂的系统,是城市发展的高级形态,其建设应该立足以人为本,在充分调研、通盘考虑的基础上做出综合规划,加强顶层设计,将"人民城市为人民"的理念充分融入规划设计阶段,结合城市未来发展需求和技术高速迭代形势,合理制定目标,适度超前规划,不断增强城市的整体性、系统性、宜居性、包容性和生长性。

第二,做到因地制宜。每个地方有各自独特的历史、地理、文化背景,也处于不同的发展阶段,智慧城市建设需要因城施策,从实际需要出发,结合城市地理区位、历史文化、资源禀赋、产业特色、人口特征等条件,区分轻重缓急、统筹加以推进,探索适合自身发展的路径和模式,体现城市特色。

第三，坚持问题导向。智慧城市建设应该立足解决真问题、真痛点、真需求。各地发展面临产业转型升级、实现高质量发展的关键转型期，面临各种各样的痛点难题，信息与通信技术、物联网、大数据等技术的发展为解决问题提供了更多可能的方案，智慧城市建设应该把握契机，坚持需求牵引、问题导向，突出重点，把群众的重点关切摆在第一位，在解决问题中实现城市发展，增进民生福祉。

第四，注重内涵式发展。数据是智慧城市运营的基础性支撑，为智慧城市的管理和服务系统提供新的洞察力，智慧城市建设应"软硬结合"，打破条块、内外、上下数据壁垒，真正将数据的效用发挥出来。新一代信息技术的发展，离不开数据的感知、存储、处理、应用每个环节，数据的最终质量与效用的发挥离不开软硬件的有效支持，不可重硬轻软。

第五，推进参与式治理。城市的建设运营需要政府、研究人员、企业、人民群众等不同主体的积极参与和互动，从而激发社会活力。在"政府统筹、市场主导、民众参与"的原则下，政府和企业加强协同合作、明晰责任边界。另外人民群众对城市有着更微观、更深入的接触，智慧城市建设也需要将人民群众的重要性纳入考虑范畴，人民群众是智慧城市建设的需求方、参与方，也是建设运营绩效重要的评价方。群策群力，才能使建设结果更好地满足各方需求，满足人民群众对美好生活的需要。

高水平网络大城市建设的实践探索

盛阅春

浙江省绍兴市委书记

党的二十大报告提出,"推进以县城为重要载体的城镇化建设","打造宜居、韧性、智慧城市"。智慧城市建设是推动新型城镇化发展的重要举措。浙江省绍兴市第九次党代会提出,"建设高水平网络大城市,打造新时代共同富裕地",就是要顺应智慧城市的时代发展趋势,以互联互通、共治共享为理念,以数字化改革为引领,以高质量发展、共同富裕为目标,建设多主体互动、多层次协同、多特色互补、多空间拓展的内聚外联网状结构形态城市。

以"产业大脑+未来工厂"为抓手,加快建设充满活力的创新之城。围绕科技创新和产业创新双联动,依托现代纺织、绿色化工两大先进制造业集群,以及高端生物医药、集成电路、高分子新材料、智能视觉等四大省级"万亩千亿"新产业平台,强化"产业大脑+未来工厂"支撑,以数据供应链为纽带，推动产业链、创新链、供应链深度融合，形成从中枢到端口的"组织互联网"生态体系，实现资源要素的高效配置和全产业链的高效协同。以"未来工厂"为单元，聚焦数字化设计、智能化制造、智慧化管理、网络化协同、绿色化生产、服务化延伸和安全化管控，全面深化智能制造五年提升行动，深入推进新一轮智能制造扩面提标，加快建成一批新智造产业集群和企业群体。以产业大脑为基座，集成公共资源交易、科技创新、金融综合服务、涉企综合服务（企业码）、产业一链通、"亩均论英雄"等场景应用，加速推进织造印染、电机、化工等行业大脑建设，鼓励龙头企业建设行业级、区域级工业互联网平台，争创国家级工业互联网创新应用示范区。

以互联互通、高效循环为基础，加快建设内聚外联的开放之城。智慧城市的形态是由精明的发展战略引领的空间有机体，推动实现高效畅通内循环、高质量对接外循环。当前，绍兴正处于长三角一体化、迈入杭州湾时代、拥抱全球化数字化的新阶段，推进网络大城市建设，就是要重塑城市空间的枢纽与节点、网络与链接，促进多中心集聚、多维度联系、扁平化治理、开放式进化。对内，树立精明增长、紧凑城市理念，深化交通设施网、水利设施网、信息能源网等基础设施建设，加快越城（滨海新区）、柯桥、上虞三区相向融合，提升市区、诸暨、嵊新组群之间的紧密度，加快形成市域一体协同、全域深度开放的发展格局。对外，深化"融杭联甬接沪"战略，积极融入环杭州湾现代产业带，扎实推进杭绍临空经济一体化发展示范区绍兴片区、杭绍一体化萧诸绿色发展先导区、义甬舟嵊新临港经济发展区建设，积极承接上海龙头辐射带动，全面提升城市融合度、贸易开放度、要素集聚度、通道顺畅度，持续增强城市综合承载力和竞争力。

以打造未来社区、未来乡村为载体，加快建设温暖幸福的生活之城。智慧城市强调以人为本的服务思维，通过信息技术来改变生活方式、改善生活质量。网络大城市建设将未来社区、未来乡村作为共同富裕现代化基本单元，坚持顶层设计和基层探索相结合，以满足群众高品质生活需求为导向，通过线上线下结合，加快重大应用落地，实现人、物、服务、场景的全面融合。突出"扩中""提低"，通过数字赋能科学识别重点群体，以促就业、增收入为核心，构建"智能识别—信息推送—主动帮扶—实现就业"的就业帮扶新模式，健全与城乡居民人均消费支出挂钩的低保标准动态调整机制。突出"一老一小"，落地贯通"浙里康养""浙有善育""浙里健康"等场景应用，积极探索"一老一小"融合发展模式，着力打造老年友好型、育儿友好型社会。突出全域均衡，以打造"15分钟公共服务圈"为切入点，推动基础设施和公共服务向农村延伸，创新民生服务"一件事"集成协同场景，提高社会基本公共服务的精准度和便捷度。

以文化铸魂、生态塑韵为支撑，加快建设近悦远来的品质之城。"人文+生态"是绍兴的特有资源优势，在建设高水平网络大城市过程中，要充分运用智慧城市的设计理念，将5G、AI、云等数字技术全面融入文化、生态领域，走生产发展、生活富裕、生态良好的文明发展道路。坚持以数字化赋能文化传承创新，有效推进"绍兴数智礼堂"等场景应用落地，完善线上线下融合互动、立体覆盖的文化服务供给体系，擦亮国家历史文化名城、东亚文化之都"金名片"，厚植文化软实力，争创全国文明典范城市，努力在共同富裕中实现精神富有。坚持以数字化赋能生态环境治理，在新一轮国土空间总体规划中树立数字化、网络化理念，建好用好"无废城市"信息化平台，协同推进降碳、减污、扩绿、增长，擦亮稽山鉴水颜值，绘好全市域"美丽图",巩固国家生态文明建设示范市建设成果,精心守护好良好生态环境这一最普惠的民生福祉。

以上下贯通、整体智治为目标,加快建设高效和谐的善治之城。智慧城市是基于"城市是生命体、有机体"的理念,通过建设全面覆盖、泛在互联的智能感知网络以及智慧城市信息平台等基础设施,实现对城市整体状态的即时感知、全局分析和智能处置。2022年9月,绍兴市政府与之江实验室签署合作框架协议,以"网络大城市城市大脑+区域经济大脑"建设为突破口,探索构建"纵向到底、横向到边"的智慧治理网状体系,统筹形成城市智治、产业治理与服务的整体解决方案。同时,基于网络大城市建设5年计划,构建完善的全市域协同目标体系、工作体系、政策体系、评价体系,持续提升网络大城市战略管理能力。

在区域经济大脑建设方面,通过经济预测预警、产业链运行监测、经济政策精准推送等数字化应用,对区域经济规划、招商、集聚、科技、开放、税收、监测、监管等环节提供实时数据分析支撑,为科学决策和基层执行提出有效建议,推动产业生态不断演替和进化。在城市大脑建设方面,通过全方位整合城市级公共数据资源,打造"物联、数联、智联"的数字底座,坚持"用数据说话、用数据决策、用数据管理、用数据创新",不断提升城市精细化管理服务水平。坚持和发展新时代"枫桥经验",以"枫桥式"社会智治中枢为牵引,深入推进"县乡一体、条抓块统""大综合一体化"行政执法等改革,全面推广"浙里兴村治社"场景应用,加快构建全市域高效协同、整体智治新格局。

奋进新征程,夺取新胜利。绍兴将以党的二十大精神为指引,忠实践行"八八战略"、奋力打造"重要窗口",对标对表浙江省党代会提出的"两个先行"战略部署,秉持新时代"胆剑精神",加快建设高水平网络大城市、全力打造新时代共同富裕地,打造更多具有绍兴辨识度的标志性成果,努力为中国式现代化市域实践先行探路。

第四章

韧性城市

　　经济全球化深入发展、技术快速迭代和经济社会日益分化引发的社会复杂化、不确定化，凸显了建设更具韧性、弹性的现代城市的重要性。打造韧性城市有利于提升城市风险应对能力、促进新型城镇化建设、推进城市治理体系与治理能力现代化。要从规划、建设、投入等方面优化城市功能，实现城市的经济、社会、空间、基础设施和生态韧性多维度提升。

我国城市韧性治理现状分析与完善策略

容志

武汉大学政治与公共管理学院教授

　　城市韧性治理是指以公共权威为主导的多元社会主体，基于紧密的合作网络和伙伴关系，实施科学、敏捷、高效的风险应对政策计划和组织动员，以增强城市抵御风险冲击能力的行动和过程。从"制度—网络—能力"的分析框架来看，中国城市韧性治理在应急制度、社会治理体系和风险学习能力等方面具有优势，但也存在着发展不平衡不充分等突出问题。着眼于应对重大突发公共事件，今后要进一步加强城市应急管理的元治理、区域城市群应急合作治理、城市基层应急管理体系建设、政企社民应急合作治理和城市应急能力建设。

　　随着经济全球化深入发展、技术快速迭代和经济社会日益分化，人类社会进入越来越复杂化、不确定化的时代。在过去的几年中，新型冠状病毒、全球性问题、粮食与能源短缺以及极端天气事件给全世界数十亿人带来灾难性的经济及社会影响。作为现代人类最主要生活空间和创新空间的城市，必然成为这种不确定性最重要的承载体。而超级的人口密度、快速的社会流动、广泛的网络连接、牵一发而动全身的生命线设施，都增加了现代城市在重大突发公共事件冲击下的脆弱性。如何夯实城市应对各类重大突发公共事件的基础，提高城市动态调整和快速恢复能力，建设更具韧性、弹性的现代城市，是全球面临的共同挑战和课题。

▶ 城市韧性治理的基础概念与分析框架

目前，与韧性城市相关的建设实践已经遍布全球。联合国在《2030年可持续发展议程》中明确提出建设"包容、安全、有韧性和可持续的城市"，并倡导所有国家加强包容和可持续城市建设。"韧性城市"理念也被城市规划、城市防灾、基础设施建设、社区建设等众多行业和领域所吸纳和采用，其中与城市气象灾害相关的"气候适应性城市""海绵城市"等项目建设所取得的进展尤其引人瞩目。基于韧性城市实践的相关理论研究也进展快速，取得的各类成果与日俱增。

总体来看，目前，"韧性城市"的理论与实践呈现出两个明显特点。第一，从注意力来看，对生态环境特别是气候变化引发的极端天气灾害关注较多。在全球变暖的历史背景下，气候异常变化可能成为一种新常态，高温、暴雨、洪水等灾害事件频率增高，对全球的农业、畜牧业、能源业，乃至人类的生命财产安全造成严重损害。因此，大量的"韧性城市"项目都涉及气候适应性规划、建筑和防灾减灾问题，对城市韧性的物理属性强调较多。第二，从内容来看，韧性城市建设和评估涉及经济、政治、社会、治理等各个方面，呈现"大而全"的概念图景。城市韧性是一种综合、复合型的系统，涉及面必然广泛，但"大而全"的图景也可能缺乏具体情境中的韧性问题。

相比之下，现有研究对于治理的韧性问题（或者说韧性治理），尤其是治理在韧性城市构建中的作用及其优化路径问题还着墨不多。事实上，城市的韧性是城市"自然—社会"系统面对内外部风险冲击保持系统性稳定以及快速恢复平衡的能力。因此，各类物理要素被统筹调动和配置的主体是治理系统，多元社会主体的协调和配合也依赖治理体系。常态和非常态化的治理活动必然是城市韧性得以生成的关键性因素。那么，什么是韧性治理？如何理解治理的韧性？韧性治理的构成要素有哪些？这些问题必须首先得到界定和澄清。

根据全球治理委员会的界定，治理在本质上是各种公共和私人机构管理其共同事务的诸多方式的总和。在这一过程中，相互冲突或不同的利益得以调和，并且采取联合行动使治理活动得以持续。与统治和管理不同，"治理"强调政府、社会、企业个人等治理主体间有效的协同。事实上，这也契合风险应对中多元力量集成整合强过单股力量的现实需求。"韧性"强调系统相对风险冲击的抗逆能力，以及快速恢复能力，或者是预判预防风险，进行提前干预和治理的能力。因此，韧性治理必然与多主体间的合作共治、共同生产以适应不断变化的风险冲击有关。脆弱的治理更易陷入系统混乱无序，或者因为反应迟缓、响应滞后和应变僵化而使经济社会受到过度冲击。韧性治理可以被视为在风险社会中，以公共权威为主导的多元主体通过紧密的合作网络，以及多种形态的互惠互益与合作伙伴关系，实施科学、敏捷、高效的风险应对政策计划和组织动员，以增强城市抵御风险冲击能力的行动和过程。

具体来说，我们可以从"制度—网络—能力"三个维度来理解韧性治理。

首先是制度维度。制度是社会系统的行为规范和约束，也是治理活动得以展开的基础和凭据。制度的核心功能之一是对各主体之间关系进行权威性界定，并为利益相关方的行动提供理性预期，从而为城市整体系统应对重大突发公共事件的行动提供基础和条件。例如，应急指挥体系的快速建立，以及"决策—执行"行为的有效实施，都是以城市的基本政治架构和行政体制为基础的。试想，如果缺乏统筹高效的现代治理体系，相关主体各行其是、各自为政，城市就无法凝聚成最强的力量来应对外在风险的冲击和扰动，并从灾害中迅速恢复过来。

其次是网络维度。一般来说，网络是由若干节点和连接这些节点的链路构成的体系，表示诸多对象及其相互联系。在社会治理过程中，我们将网络视为一种重要的社会关系及其组织形态，也可以理解为资源分布、流通和配置的形态。现代城市是一个人口高密度聚集、要素快速流动、关系错综复杂的有机生命体，因此链接多元主体、多层次资源的社会网络是现代城市的重要组织形态。社会要素缺乏相互连接和影响，在面对风险和冲击时必然是孤立无援的，也是十分脆弱的，只有加强众多城市要素之间的相互连接和支撑，建构出复杂适应性网络才能提高整体的抗压性和冗余性。因此，网络的弹性和坚韧程度决定了城市的韧性水平。总体上看，与城市韧性有关的网络形态有两种：一种是多个城市之间所形成的互动合作关系，表现为信息、资源的互通共享，以及为实现共同目标开展的互相协作，这对于增加单个城市资源具有重要意义和价值；另一种是城市内部以政府为主导的多元社会主体之间所结成的互动合作关系，表现为面对风险不确定性时所形成的共识，以及相互信任、理解和支持，这种网络的成熟和发达程度会直接影响城市整体的组织动员水平。

最后是能力维度。能力是城市管理者运用制度和规范管理城市安全事务，科学决策、高效协同、扎实执行的能力。能力与制度体系紧密相连，但并不等同于制度体系，因为即使在相同的制度体系之下，不同行动主体的应急能力也有差异。城市是社会生命体，是人组成的群体集合，因此城市管理者、应急工作者的工作能力必然决定着城市的韧性水平。总体上来看，与韧性治理相关的能力主要包括这样几种：一是风险预判的能力，是指在不确定的环境下，能够借助科学技术手段和丰富的治理经验提前进行风险判断和预警的能力，如我们常说的见微知著、一叶知秋；二是风险准备的能力，是指在风险预判的基础上，快速开展预防准备和资源储备的工作，并采取必要的手段减缓风险可能造成的损失和伤害；三是科学决策的能力，是指当风险来临时，能够依据科学规律，果断采取措施控制事态发展，并进行全面动员迅速从灾害中恢复过来的能力；四是风险学习的能力，是指在事后及时总结经验和教训，动态调整优化风险应对方案，以不断提高风险应对的绩效和公共安全水平。

当然，在科学技术快速迭代的今天，数智技术在治理活动中的作用越来越明显和重要。以"一网通办""一网统管"等为代表的智慧城市建设案例说明，以大数据、人工智能、物联网等为代表的数智技术的大规模应用，能够提升灵敏感知、准确研判、快速响应的城市服务和管理能力，提高政府运行效率和多方合作潜力。在疫情防控中，健康码等信息技术运用就在人员筛查和流行病学调查中发挥了辅助功能，极大地提高了风险识别和人群流动管控的效率，成为治理韧性的重要组成部分。又如，对山体滑坡、泥石流等地质灾害实时监测预警技术的发展，不仅提高了风险感知和提前预判精准度，也实现了快速、全面的社会预警预报，有利于减少损失、挽救生命。因此，我们将科技视为上述"制度—网络—能力"框架的支持性因素，它能够对制度的执行、网络的运行和能力的提升同时产生重要的赋能作用，从而进一步提高治理体系在面对重大突发公共事件时的敏捷度、应变度和适应度。

▶▶ 我国城市韧性治理的"长板"与"短板"

"居安思危""有备无患"是中国传统治理思想中的精华和瑰宝。中国共产党长期保持着较高的忧患意识和风险意识，很大程度上提升了治理体系的应急准备能力和风险适应能力，有力地战胜了一系列重大突发公共事件。特别是疫情防控以来，我国在高度不确定的复杂环境中逐步摸索出一套政策和策略，不但确保了人民群众的健康安全，而且实现了疫情防控和经济发展的统筹兼顾，显示出较强的治理韧性，这也成了"中国之治"的重要内容之一。我国城市韧性治理的"长板"主要表现在以下三个方面：

一是统一权威的城市应急制度。2003年以来，随着"一案三制"应急管理体系的发展，我国多数大城市、特大城市都建立起了以应急管理委员会为核心的城市应急组织体系，并逐步形成了集中统一、权威高效的工作领导制度。其中，城市各级党组织处于领导核心地位，发挥着统揽全局、协调各方的指挥中枢功能，在此基础上，政府负责、社会协同和公众参与等活动得以具体展开和实施。应急状态往往是城市常态均衡被打破，呈现高度混乱特征的非常态，保持应急管理组织体系的完整、统一和稳定，以及高效完成各项执行任务，就是韧性治理的一个重要表现。从实践来看，中国特色的应急制度体系在城市集中力量攻坚克难、应对重大突发公共事件挑战过程中起到了重要的基础性作用。

二是底网密织的社会治理体系。社会治理是调节各种利益关系，化解多样社会矛盾，凝聚塑造社会共识，创造良善社会秩序的过程。通过夯实基层政权以及大力实施"网格化管理"，我国城市已经在基层社区编织起权责明确、边界清晰、要素覆盖、资源链接的社会治理网络。在风险冲击情境下，社会治理网络在"小"和"大"两方面发挥着重要作用：从"小"来看，每个具体的网格单元相对完整、自成一体，能够根据中枢指令自组织开展社会动员、互救互助的应急处置行动，形成坚强的战斗堡垒；从"大"来看，网络链条又能够在人员、资源、信息等方面形成互助和共振，从而提升整体抵御风险冲击的能力。可以说，无论是自然灾害中的层级动员、组织撤离，还是疫情防控中的社区隔离、上门服务，中国特色的城市基层治理网络体系都发挥着重要功能和作用。

三是灵敏调适的风险学习能力。严格的问责机制、务实的治理风格和日趋完善的灾害调查机制促使城市管理者保持着较强的风险学习能力。这一能力集中体现在对已发生灾害及其应对经验教训的总结反思，以及对后续管理行动策略进行快速调整优化之上。在宏观上，中国应急管理体系从2003年之后的"一案三制"建设到2018年综合性应急管理部门改革，整个变迁过程都可以视为不断在危机中学习总结和调适的结果。在微观上，面对高度不确定的公共卫生事件，中国城市把传染病防治基本原理与具体治理实践相结合，逐步摸索出的以多点触发、快速流调、逐次封控、区域筛查为核心的

"精准防控"策略,正是在危机中不断总结、动态优化的经典案例。超强的风险学习能力正是城市韧性治理的重要内容和优势体现。

同时,我们也要看到在城市治理中还存在一些短板和瓶颈,制约了治理的韧性水平。特别是"7.20"郑州特大暴雨灾害等事件,暴露出城市在风险研判、应急准备、指挥协调、物资供应、社区服务等方面还存在诸多问题和不足。可以说,导致这些问题的根本原因是城市应急管理体系和能力发展的不平衡和不充分,具体表现为"四强四弱":

第一,发展意识强,安全意识弱。相对于经济建设和城市发展,对风险问题重视不足,安全发展的意识不强,资源投入不够,甚至遇事有侥幸心理,导致对重特大灾害警惕性不足,或者事前应对部署不紧不实。

第二,顶层设计强,基层执行弱。总体来看,中国特色的应急管理体系基本成型,制度框架和主干已经确立,城市应急管理的顶层设计在未来相当长时期内会保持相对稳定;而与之相比较,城市基层应急管理体系还处于改革磨合期,专常兼备、灵活机动的应急管理模式尚在摸索之中,再加上日常管理任务繁重,人员队伍流动性高,专业能力很难保持,遇到重大突发公共事件往往措手不及。

第三,专业管理强,协同合力弱。在城市群层面,单个城市的行政能力较强,城市之间的横向协作能力较弱,信息共享、联合应急、沟通协商等机制不健全、不完整。在政府内部,各个专业职能部门自成体系,自拥边界,内部管理能力较强,但部门之间的协同、沟通机制较弱。包括各类监管、风险信息缺乏实时更新和共享,部门、行业应急预案缺乏衔接互通,平时综合整体演练不足,急时指挥协同分散,甚至在个别案例中统一指挥缺失,未能牢牢掌握全域性灾害综合整治的主动权。

第四，国家主导强，社会参与弱。正如有学者指出的，以党领政的高位推动形成了中国政策执行的制度优势和独特效能。但与此同时，社会组织有序参与应急管理和公共安全建构的制度保障还不足，参与的能力和质量也有待进一步提升。基层政权组织的社会动员能力较强，但社区自组织、微治理的能力还比较弱。

▶ 进一步完善城市韧性治理体系的路径与对策

总体来说，在风险扰动的情景下，韧性系统有三个显著特征：一是"打不垮"，即系统坚固稳定，在吸收外来冲击力的基础上保持形态和功能的稳定；二是"变化多"，能够通过快速的自身调整、重组甚至再造来适应环境的不确定性和变化；三是"恢复快"，系统在形态和功能暂时受到抑制后，能够在最短时间内恢复常态，把损失降到最低。治理系统是城市复杂巨系统中最主动和最活跃的部分，韧性治理则是韧性城市建设中最重要和核心的部分。党的二十大报告提出，要完善"国家应急管理体系"，"打造宜居、韧性、智慧城市"。要保证城市在面对重大突发公共事件时打不垮、变化多和恢复快，切实提高城市韧性治理水平，就需要构建敏捷、紧密、高效的城市公共安全治理和应急管理体系。

第一，加强城市应急管理的元治理。"元治理"通常被认为是"对治理的治理"，用以描述对市场化、网络化治理过程的控制和引导。20世纪80年代以来席卷全球的治理运动强调传统公共部门的改造，强调多中心、分权化和网络化等倾向。就韧性系统来说，治理形态的特点的确有利于资源分散、多中心合作，以及在此基础上凝聚合力。但从实践来看，网络治理中的决策、协调、参与和问责都离不开更为宏观的制度、规则和公共价值。从元治理的角度来看，首先要把城市安全、人民安全的观念放置于更为重要和显著的位置，夯实城市安全与社会稳定的基础，以新安全格局保障新发展格局；其次，健全完善集中统一、权威高效的应急工作领导体制，把党的领导贯穿于风险治理和应急管理的全过程。其次，强化多层级、多主体、全方位、全覆盖的安全发展责任机制，把安全与发展、安全与行业、安全与生产紧密结合起来，提高安全治理和应急管理的主动性、前瞻性。

第二，加强区域城市群应急合作治理。孤岛容易被摧毁，只有构筑区域性的、强大的城市网络才能抵御风险冲击。一是建立区域协调联动体制。组织以超大、特大城市为主导，中小城市共同参与，或者多个特大城市共同参与的区域性应急联盟，建立联络机制和会商机制，统一应急管理工作流程和业务标准，加强日常应急管理中的信息互通、风险共防、救灾互助等工作。二是建立应急准备合作机制。建立健全横向联合指挥跨域救援等机制；联合开展跨区域、跨流域风险隐患普查，形成综合治理、系统治理格局；编制联合应急预案，并组织联合应急演练，强化各地预案之间的衔接配合。三是建立应急资源区域储备体系。国家根据区域空间特性和规划建立若干区域灾害资源储备中心；利用大数据、人工智能等技术分析研判城市之间的资源分布差异，实现对防灾设备、救援物资和科研资源的科学布局，提高城市之间的资源互补性和城市群整体的资源韧性。

第三，加强城市基层应急管理体系建设。基层安则城市安，基层治理是城市治理的重要内容。首先，健全基层应急组织体系。组建街道（乡镇）应急管理领导机构，建立大安全和大应急框架，在整合条块资源的基础上组建基层应急救援队伍。居（村）民委员会设立应急服务站，协助做好属地应急管理工作，建立完善"第一响应人"制度，提高应急反应灵敏度。其次，夯实基层应急执行体系。加强社区风险识别和隐患排查，细化各类应急预案，定期组织开展实战演练，认真落实应急值守制度，强化街镇综合指挥、协调调动的权限，提高应急处置和恢复善后的综合能力。最后，加强基层应急智能体系。推动"一网统管"等城市综合管理平台向基层延伸拓展，绘制全口径信息"一张图"、编织全天候监控"一张网"、打造全过程管理"一张屏"，提高社区风险感知、信息上报、先期处置、群防群治的前瞻性、能动性和敏捷性。

第四，加强政企社民应急合作治理。按照党委领导、政府负责、社会协同、公众参与、法治保障、科技支撑的总体要求，汇聚各方力量共筑城市安全体系，建设更高水平的安全城市。一方面，要充分发挥社会力量在城市防灾减灾中的积极作用，通过财政补贴、税收减免、购买服务等方式鼓励企业和社会组织参与技术研发、装备研制、隐患排查、安全培训、资源储备、应急救援等工作，鼓励公民、家庭进行应急物资储备，建立政府为主、社会辅助、调度顺畅的应急物资储备体系。另一方面，要打造政企合作的韧性物流和供应链体系。畅通的物资流动和供应体系是城市运行的核心功能，是韧性城市的重要保证。因此要针对重大自然灾害和公共卫生事件的具体情景，对物资生产、资源储备、物流链条、重点环节和保供机制进行顶层设计，同时发挥政府统筹和企业运行的专长，确保在面对重大突发公共事件时能够货畅其流。同时，还要发展壮大社区群防群治力量，深入动员应急志愿者队伍，提高志愿者第一响应、互救互助能力水平，建设人人有责、人人尽责、人人享有的社区风险共同体。

第五，加强城市应急能力建设。一是推进智慧应急建设。推进"互联网＋"、大数据、人工智能、物联网等现代技术在风险监测、预警预报、综合指挥、应急救援等领域的应用，不断提高城市敏捷感知、风险预判、信息共享和快速反应的支撑能力。二是推进专业队伍建设。加强专业应急救援队伍建设，围绕"一队多用、一专多能"目标，提升抗洪抢险、地质灾害救援、森林防灭火、生产安全事故救援等各类专业救援力量的抢险救援能力。三是推进干部能力建设。加强干部风险管理和应急管理能力培训，建立专业培训、定期轮训相结合的长效机制，充分运用桌面演练、模拟实战训练等现代化、科技化培训形式，提高领导干部对突发公共事件的预防处置能力。

气候变化背景下韧性城市建设的意义与路径

孙永平

华中科技大学国家治理研究院副院长、经济学院教授，碳排放权交易省部共建协同创新中心联席主任

刘玲娜

北京化工大学文法学院副教授

气候变化对人类社会产生了方方面面的影响，城市作为人口和经济高度密集的区域，易受极端气候的影响，是应对气候变化的主要场所。韧性城市作为城市应对气候变化的一种积极主动的方法，可以有效提升城市应对气候变化的能力和水平，降低自然和社会灾害对可持续发展的负面影响。推进韧性城市建设，需要运用系统思维处理好风险与安全的关系、应对气候变化与经济高质量发展的关系、区域方案和整体规划协同的关系、中长期与短期发展的关系，提高城市经济、社会、生态、治理等维度的韧性水平。

联合国政府间气候变化专门委员会（IPCC）第六次评估报告指出，最近

50年，全球变暖正以过去 2000 年以来前所未有的速度发生，气候系统不稳定加剧，极端气候事件的频率、强度和持续时间显著增强。城市作为人口和经济高度密集的区域，易受极端气候的影响，是应对气候变化的主要场所。

"韧性"最初于 20 世纪 70 年代应用于生态学领域，以确定替代生态系统的稳定状态，然后被引入社会科学，以研究社会生态系统的复杂动态性。2013 年，美国纽约市制订了应对气候变化的韧性城市计划《更加强壮、更富韧性的纽约》，提出了一个为期 10 年的韧性城市建设项目清单。同年，洛克菲洛基金会发起"全球 100 个韧性城市"计划。2015 年，联合国可持续发展目标将提升城市韧性作为全球可持续发展目标之一。2016 年，《巴黎协定》明确了"加强适应能力、气候韧性并减少脆弱性"的全球目标。目前，韧性城市建设已被发达国家广泛应用于气候变化和自然灾害应对中。

2016 年，国家发改委、住建部发布了《城市适应气候变化行动方案》，提出选择 30 个典型城市开展气候适应型城市建设试点，积极推进城市适应气候变化的行动。2020 年，党的十九届五中全会提出要"增强城市防洪排涝能力，建设海绵城市、韧性城市"。2022 年，国家发改委印发的《"十四五"新型城镇化实施方案》提出要"加快转变城市发展方式，建设宜居、韧性、创新、智慧、绿色、人文城市"。党的二十大报告要求"加强城市基础设施建设，打造宜居、韧性、智慧城市"。

面对日益严峻的全球气候危机，如何通过韧性城市建设，提高城市经济、社会、生态、治理等维度应对气候变化的能力和水平，值得深入思考探索。

韧性城市建设有望成为实现可持续发展和应对气候变化的新途径

可持续发展与韧性城市建设

伴随着改革开放不断向纵深推进，我国在可持续发展道路上的探索也更加深入。1997年党的十五大把可持续发展战略确定为我国"在现代化建设中必须实施"的战略，2002年党的十六大把"可持续发展能力不断增强"作为全面建设小康社会的目标之一。2019年6月，习近平主席在第二十三届圣彼得堡国际经济论坛全会上指出："可持续发展是破解当前全球性问题的'金钥匙'，同构建人类命运共同体目标相近、理念相通，都将造福全人类、惠及全世界。"我国自1989年以来，将可持续发展理念融入城市建设中，开展了一系列试点项目，包括卫生城市、健康城市、园林城市、森林城市、低碳城市、智慧城市、海绵城市和气候适应性城市等（见图4-1）。其中，新时代十年开始试点建设的"海绵城市""气候适应型城市"和"韧性城市"，旨在提升城市应对不确定风险的能力，降低自然和社会灾害对可持续发展的负面影响。

应对气候变化与韧性城市建设

在全球气候变化的大背景下，伴随着人口增长和城镇化进程，我国城市遭遇气候风险的频次增多，造成经济损失的同时还威胁着人民群众的生命安全和身体健康。党和国家一贯高度重视应对气候变化，坚持减缓和适应气候

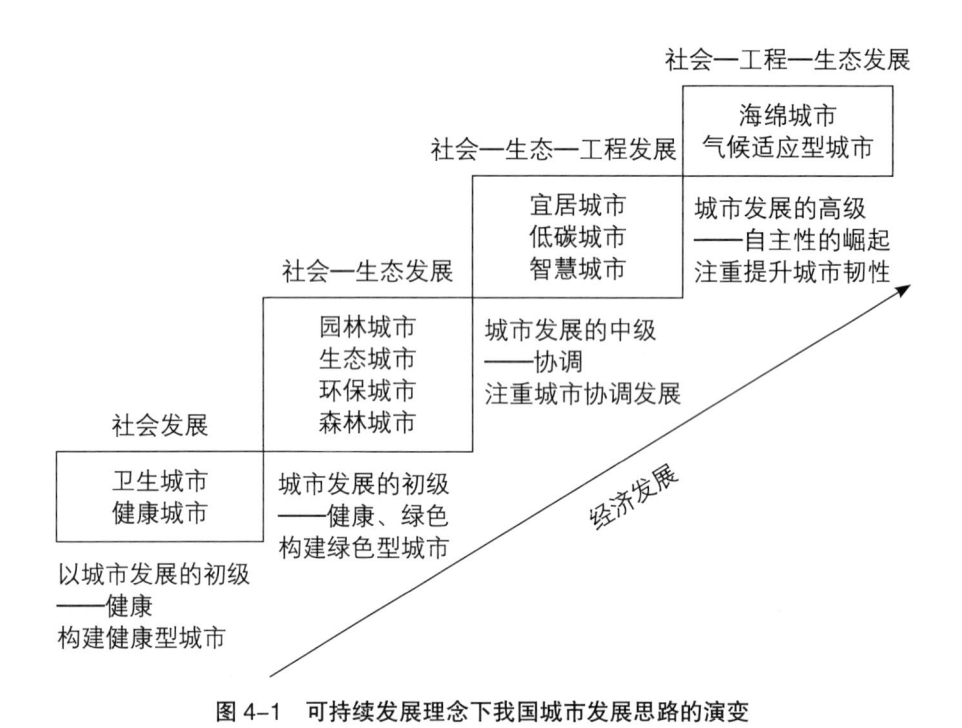

```
                                    社会—工程—生态发展
                                      ┌─────────────┐
                                      │  海绵城市    │
                           社会—生态—工程发展  气候适应型城市│
                              宜居城市     │城市发展的高级│
                              低碳城市     │—自主性的崛起│
                 社会—生态发展   智慧城市   │注重提升城市韧性│
                                          └─────────────┘
                    园林城市     城市发展的中级
                    生态城市     —协调
                    环保城市     注重城市协调发展
        社会发展    森林城市
        ┌────────┐
        │卫生城市│  城市发展的初级
        │健康城市│  —健康、绿色              经济发展
        └────────┘  构建绿色型城市
    以城市发展的初级
    —健康
    构建健康型城市
```

图 4-1 可持续发展理念下我国城市发展思路的演变

变化并重，实施积极应对气候变化国家战略。

从发展目标看，韧性城市建设与我国应对气候变化国家战略高度一致，两者均致力于保护生态环境可持续性和促进经济社会繁荣发展。一方面，韧性城市建设可以通过城市规划、基础设施建设和维护、体制机制优化等多重手段，提高城市对气候变化的抵御能力，使城市可以基于自然的解决方案应对极端气候。另一方面，城市的应对气候变化行动可以降低气候变化转型风险和物理风险对城市经济社会系统的影响，增强城市适应气候变化的能力，提高城市的韧性水平。

从发展路径来看，气候变化物理风险和转型风险对城市产业结构以及经济发展将带来不同程度的影响，建设韧性城市是缓解多重影响的重要手段，也是实现应对气候变化和可持续发展双重目标的创新途经。

韧性城市建设是社会、经济、生态、基础设施和治理水平的综合提升

不同城市在社会、经济、生态、基础设施和治理水平等方面具有不同的资源禀赋，韧性城市建设也须从多个维度展开，而且每个维度的重点工作也不尽相同。

从社会维度来说，社会韧性是社会系统中的行动主体在风险压力下适应、转化、调整和重新构造社会系统的过程，是维系社会结构和发展的力量与特性。社会韧性建设需做好三方面工作。一是要强调教育、信息和知识的价值，因为这些要素能够在居民应对气候变化风险时提供经验指导，是突发事件中居民自救的无形资产。二是要强化城市居民彼此之间的联系，依靠文化纽带创建和谐城市，间接促进社会融合。北京市在推进韧性城市建设过程中就高度关注社区建设，2021年11月，北京发布《关于加快推进韧性城市建设的指导意见》，提出到2025年，韧性城市评价指标体系和标准体系基本形成，建成50个韧性社区、韧性街区或韧性项目，形成可推广、可复制的韧性城市建设典型经验。三是要在防范化解重大突发风险的同时做好基本民生保障工作，高度重视困难群众及脆弱性群体的需求。

从经济维度来说，经济韧性能够反映城市经济各部门、各层次、各要素有机结合下的整体变化形式、规律和内在动力，有重要的驱动作用。若一个城市主导产业或支柱产业易受气候变化风险影响，通过经济系统的放大效应，容易出现"牵一发动全身"的现象，产生传导性经济风险。建设韧性城市，就是要改变单一的产业结构，通过多样化的投资和贸易培育新的发展模式，促进产业结构多元化，让城市在面对各种风险挑战时也能够保持经济长

期稳定增长的态势。

从生态维度来说，生态韧性与城市生态系统密不可分。城市生产生活所产生的各种垃圾和废弃物均需要排放到环境中，除依靠城市大气环境、水环境与土壤环境的自身净化能力外，净化过程大多需要人工干预，如建立污水处理厂、垃圾处理厂、城市绿地等，以完成生态系统的分解任务。生态韧性强调资源利用和环境保护，让生态系统作为应对外界变化的天然屏障。在2019年召开的联合国气候行动峰会上，中国和新西兰一同牵头峰会"基于自然的解决方案"领域工作。"基于自然的解决方案"与中国生态文明理念高度契合，近年来，多个城市"基于自然的解决方案"开展城市规划建设，如香港将大型空旷地带（如主要道路、相连的休憩用地、美化市容地带、非建筑用地、建筑线后移地带及低矮楼宇群等）连成主风廊，以缓解城市热岛效应，增强生态韧性；深圳市通过开展海堤生态化改造，加强海岸基干林带、滨海公园绿地防护林建设，降低台风、风暴潮等自然灾害对城市系统的影响。

从基础设施维度来看，一方面，城市依靠基础设施和创新技术可以快速有效地为韧性城市建设提供重要保障；另一方面，在频繁的气象灾害面前，城市基础设施的正常运行常常会受到影响。气候变化涉及城市运行和发展过程中多个关键领域，特别是极端气候事件会使城市基础设施服务中断或完全停滞，对城市生产生活产生严重冲击，其中能源、交通运输系统、信息通信、给排水、环境卫生、医疗健康等基础设施和服务受阻造成的影响可能最大。为此，必须加快技术创新，提高基础设施自身抵御气候影响的韧性和能力，有效规避气候变化风险所造成的生命财产损失。

从城市治理维度来看，城市治理韧性要求城市必须具备有效的领导和城市管理能力、决策能力，与此同时还需要通过提供信息和教育等途径来增强个人和组织应对风险的能力。在气候变化背景下，强化城市治理韧性尤为重要，具体来讲，需要建立健全危害监测和风险评估系统，以便能够实时监测潜在危害并评估风险，及时有效地应对紧急情况。同时，要实现社区与政府的有效互动，坚持人民城市人民建、人民城市为人民，更好地推动自下而上的韧性城市建设。

▶ 气候变化背景下推进韧性城市建设的政策建议

韧性城市作为城市应对气候变化的一种积极主动的方法，主要关注系统如何应对不确定性并试图在持续变化的环境中维持系统的核心功能不中断。推进韧性城市建设，需要系统谋划，久久为功，运用系统思维处理好风险与安全的关系、经济高质量发展和应对气候变化的关系、区域方案和整体规划协同的关系、中长期发展与短期发展的关系。

做好城市韧性发展的顶层设计，将提升城市韧性纳入政府工作方案，加速推进"韧性城市"试点建设。近些年来，我国政府启动了"海绵城市""气候适应型"城市建设试点工作，取得了较好的成效。基于这些建设基础和经验，应该加快推进"韧性城市"试点建设，在政策扶持、资金投入等方面对试点城市加大支持力度；建立健全城市韧性评估机制，从城市系统发展视角出发，准确科学地评估城市韧性水平，充分把握当前我国城市韧性发展现状；建立完善韧性城市试点绩效评估与考核办法，为城市韧性的提升提供更加精细、科学的指南；加快建设综合应急管理体系，运用科学的方法与大数据、人工智能技术等相结合，做到事前充分准备、事后及时应对，为实现城市可持续发展提供强有力的行动保障。

构建区域韧性城市示范交流区，加强区域间的交流与联系。基于经济地理位置的相互关联构建区域韧性城市示范交流区，强化双边或多边沟通交流机制，形成"标杆"效应，为周围地区提升城市韧性提供政策借鉴、资源和经验共享、人才支持等。一方面，强化区域间的交流能够提升韧性水平较高地区对水平较低地区的示范带动作用，缩小区域间韧性水平差距；另一方面，通过双边或多边的交流机制，能够进一步激励区域内部发展，对区域韧性整体水平的提升起到积极作用。

着力降低公共基础设施的暴露度，提高城市基础设施受到极端气候事件冲击后的恢复力。城市应在充分研究自身气候变化总体特征、极端气候灾害事件、未来气候变化趋势、基础设施风险分类的基础上，着力降低公共基础设施的脆弱性和暴露度，形成提高基础设施气候韧性的总体规划方案，加大对基础设施项目韧性建设的资金和技术支持力度，以此鼓励与气候韧性建设相关的技术发展。逐步构建"政府主导+市场组织+社会参与"的城市气候韧性项目建设机制，在有效运用财政资金支持气候韧性基础设施项目的同时，充分借助灵活有效的气候投融资机制，引导公共和社会资本流向气候韧性基建项目。此外，还应该探索研究气候韧性价值的量化评估方式，以服务支持、资金供给、绩效考核等方式逐步落实气候韧性价值的实现和流转，提高气候韧性基建项目的收益能力。总之，要充分考虑气候变化对公共基础设施的不利影响，重点提升供水、供电、交通和应急通信等城市生命线系统基础设施的风险预测预警、防御应对和快速恢复能力。

与智慧城市建设互补互促，提高韧性城市现代化治理能力。借助机器学习、统计分析、可视化数据分析、时空轨迹分析、社交网络分析、智能图像／视频分析、情感与舆情分析等大数据技术，韧性城市可以充分挖掘与整合城市安全应急、灾害管理等方面的各种结构化、非结构化数据，逐步改变以往以"经验"为依据的决策与管理模式，做到用"数据"来说话，提升城市应急管理能力和决策处置水平，实现与智慧城市建设的互补互促。为此，要大力发展大数据、云计算、区块链、人工智能和5G等前沿技术，加快数字基础设施建设，积极探索智能化公共服务平台建设，提高韧性城市的现代化治理水平。

城市社会韧性提升的实践方向——温州经验及其启示

张志学

北京大学光华管理学院博雅特聘教授、中国社会科学调查中心主任

张三保

武汉大学经济与管理学院副教授

    加快打造韧性城市是经济全球化背景下提升城市风险应对能力，促进以人为本的新型城镇化建设、推进政府治理体系与治理能力现代化的战略选择。由于城市系统具有复杂交互性和紧密耦合的特点，增强城市韧性需从多方面发力。面对新冠疫情，温州在短时间内实现了"战疫情"与"促发展"的双目标平衡，其在疫情"大考"中表现出的城市韧性，为各地推进韧性城市建设提供了有益参考：弘扬价值创造和风雨同舟的精神、充分利用数智技术的优势、建立提升社会韧性的教育体系、营造良好的营商环境。

    重大灾害何时以何种方式来临，往往很难预测。认识到重大突发事件发

生的可能性，并在意外危险发生时调动资源成功应对并复原，是经济社会可持续发展的重要课题。常态意外理论（Normal Accident Theory）认为，组织存在结构上的复杂交互性和运行上的紧密耦合性，因此事故发生不能简单以决策失误、设备失灵等表面原因来解释，而应深刻探讨如何通过组织运转让城市增强抵御风险的能力。建设韧性城市，是提升城市应对各种不确定性和重大风险能力水平的有效策略。

▶ 建设韧性城市的重要性

21世纪初，西方兴起了韧性城市规划与建设的浪潮。2018年，我国出台《关于推进城市安全发展的意见》。随后，国务院安全生产委员会牵头开展"安全发展示范城市"创建与评价工作，城市韧性建设在我国开始大规模实践。北京、上海将韧性城市建设任务纳入城市总体规划；国家自然科学基金委员会配合国家雄安新区建设，启动了"韧性雄安"应急课题；黄石、德阳、海盐和义乌入选了洛克菲勒基金会"全球100韧性城市"计划，在韧性城市建设中积极探索国际合作。2020年，党的十九届五中全会首次从国家战略的高度提出"建设海绵城市、韧性城市"。党的二十大要求："坚持人民城市人民建、人民城市为人民，提高城市规划、建设、治理水平，加快转变超大特大城市发展方式，实施城市更新行动，加强城市基础设施建设，打造宜居、韧性、智慧城市。"

建设韧性城市是经济全球化背景下城市应对自然与社会风险的必然选择。近年来，地震台风、爆炸坍塌等自然灾害、事故灾难层出不穷，新冠疫情、乌克兰危机等公共卫生、社会安全事件影响重大深远。并且，随着风险耦合和级联效应的增强，灾害链和受灾范围都极大延长。城市作为经济与人口聚集的重要场所，往往受到原生灾害和次生灾害的多重冲击，甚至波及周边乃至全球范围的其他城市。特别是在新冠疫情成为全球危机的背景下，各城市距离完全恢复还有很长的路要走。

建设韧性城市是顺应以人为核心的新型城镇化进程的战略性决策。我国的城镇化正处于快速发展中后期向成熟期过渡的关键阶段，目前已形成以中心城市、城市群和都市圈为主体的城镇发展格局。2021年常住人口城镇化率达到64.72%，现有的19个城市群集聚了全国70%以上的人口和80%以上的经济总量；2010—2020年，部分大城市常住人口增量达数百万，部分市辖区人口密度超2万人/平方千米。城市规模不断扩张，各类要素快速流动并向城市聚集，加剧了城市风险与脆弱性，当社会系统的演进规律和生态系统的承载能力跟不上城市的发展速度时就会破坏社会与自然的平衡，引发许多城市安全问题，不少城市在疫情防控当中就暴露出韧性不足的问题。

建设韧性城市是推进政府应急管理体系和能力现代化的必然要求。韧性城市建设涉及多个利益相关者，要求增强政府的整体性，发挥政府权威作用，通过信息共享、政策沟通等手段实现行政机构之间、政府与社会之间的协调统一和城市治理一体化。跨界危机和风险级联效应的强化机制强调政府的紧急动员、快速支援能力，以在最短的时间内防止风险扩散。城市问题的复杂性同样呼唤多样化的公共服务，政府要加快转变职能，与社会组织良性互动，对民众需求快速反应。

韧性城市中的社会韧性

城市是包含社会、经济、文化、生态等一系列子系统的复杂系统合集，韧性城市的构建包含多个维度，本文聚焦其中的社会韧性。城市社会韧性水平是城市韧性与可持续发展的保障，通过为城市经济发展提供劳动力、为企业发展提供技术支持、为资源利用及环境治理提供方案等方式来提升城市社会发展韧性。美国洛克菲勒基金会资助构建的"城市韧性指数"，涵盖健康和福利、经济和社会、基础设施和生态系统、领导力和战略四个维度。联合国减灾署提出的"韧性城市十大准则"，其中一个重要维度是"培训、教育和公众意识"，强调要培养公民参与创建韧性城市的集体责任感。

浙江大学韧性城市研究中心提出了构建韧性城市四个维度，即技术、组织、社会和经济，其中社会维度指"减少伤亡损害，能够在灾后提供紧急医疗服务和临时避难场所，在长期恢复过程中可以满足当地的就业和教育需求"。杰哈（Jha）等提出韧性城市由基础设施韧性、制度韧性、经济韧性和社会韧性组成，其中社会韧性被视为城市社区人口特征、组织结构以及人力资源等要素的集成。

韧性城市建设的温州经验

新冠疫情给中国经济社会发展带来巨大冲击，正常的经济社会活动一度几乎停摆。温州不仅在短时间内控制住了疫情扩散态势，而且迅速实现了复工复产，经济稳中有升，成为浙江反弹回升最快的地区之一，实现了"战疫情"与"促发展"的双目标平衡。温州在疫情"大考"中表现出的城市韧性，既来自温州政府的组织能力，也源自良好的政企、政民关系。

有为的服务型政府

努力构建"亲""清"新型政商关系，与企业建立健康而良性的互动。非公有制经济是社会主义市场经济的重要组成部分，在满足人民多样化需要、增加就业、促进国民经济发展中起着积极作用。习近平总书记多次强调："非公有制经济在我国经济社会发展中的地位和作用没有变，我们毫不动摇鼓励、支持、引导非公有制经济发展的方针政策没有变，我们致力于为非公有制经济发展营造良好环境和提供更多机会的方针政策没有变。"他要求领导干部"对非公有制经济人士多关注、多谈心、多引导，帮助解决实际困难"，"同民营企业家的关系要清白、纯洁，不能有贪心私心，不能以权谋私，不能搞权钱交易"。

2018年改革开放40周年之际，温州成功获批创建"两个健康"先行区。围绕非公有制经济健康发展和非公有制经济人士健康成长，温州在构建"亲""清"新型政商关系上进行了开创性的探索。比如，在全国率先通过法定程序，将每年11月1日设立为"民营企业家节"。创新"三清单一承诺"制度，推出政商交往"正面清单""负面清单"和清廉民企建设"引导清单"各7条，3.5万名领导干部书面签订"反对不按规则办事行为承诺"，旨在改变"不按规则找熟人办事"的路径依赖。建立企业家紧急事态应对制度，实行重大涉企案件风险报告制度，全面推行涉企柔性执法制度，为企业家干事创业保驾护航。组织开展以"两个健康"为主题的"万名干部进万企"专项行动，抽调干部与企业结对，帮助企业化解难题、代办项目。着手健全"政府承诺＋社会监督＋失信问责"机制，严格兑现依法做出的政策承诺，防止"新官不理旧账"，营造"一任接着一任干"的良好氛围。

未雨绸缪、居安思危，强力推进重大突发事件应急保障体系建设。作为沿海城市，温州经常会受到台风、水文地质灾害的影响。在常年应对自然灾害的实践中，温州各级政府摸索出了一套有效的防灾救灾常态机制，建立了完善的应急救援队伍和组织力量体系，理顺了突发事件处置流程。疫情的暴发检验了这一应急保障体系的韧性，精准高效的疫情防控彰显了党委政府和各级党员干部的有为和敢当；疫情后期快速有序推动复工复产，再次展现了自上而下的指导与动员、自下而上的配合与响应相互交融而形成的社会韧性与活力。

企业的快速响应与应对

一是增强企业抗风险能力。新冠疫情全球大流行，对世界经济和贸易活动造成严重冲击。温州制造业发达，出口经济活跃，若干企业通过踏实经营形成了独特的优势，产品的市场份额也相对稳定，企业普遍具有较强的抗风险能力。疫情发生后，温州一些企业在同行业其他企业无法正常生产的情况下，想办法突出重围，努力响应国内外客户诉求，保持住了业绩增长势头，为后续复工复产奠定了良好基础。

二是创新企业运营模式。著名社会学家费孝通曾说："我体会到的温州精神就是不甘心落后，敢为天下先，冲破旧框框，闯出新路子，并且不断创新。"近年来，数字经济蓬勃发展，在推动生产力发展和生产关系变革的同时，对产业数字化转型升级提出了新要求。温州一些民营企业在无资源依赖的情况下，把智能化改造作为加快传统产业升级和新兴产业发展的关键性举措，大力推动产业数字化和数字产业化。这一举措降低了疫情对温州企业生产运营的冲击，并在很大程度上为其复工复产提供了重要保障。

▶ 韧性城市建设的方向

基于温州建设韧性城市的经验，我们认为，除了必要的硬件设施之外，建设韧性城市还需要从以下四个方面着手，提升社会韧性。

弘扬价值创造和风雨同舟的精神

充足的物质资源是应对风险挑战的基础，也是城市保持韧性的根本。经过改革开放以来四十多年的奋斗，我国的城市和乡村都发生了天翻地覆的变化，现行标准下农村贫困人口全部脱贫。下一步，通过有效的措施在全社会弘扬价值创造和风雨同舟的精神，鼓励人们互帮互助、同舟共济，有助于进一步增强城市韧性和生命力。志愿服务是社会文明进步的重要标志，是广大志愿者奉献爱心的重要渠道。为鼓励价值创造、健全志愿服务激励机制，北美、欧洲的一些社区采用了"时间银行"的概念——志愿者将参与工作或服务的时间都按小时记录下来并存进时间银行，当自己遭遇困难时可以从时间银行中支取"被服务时间"。无论是保障民生还是疫情防控，志愿服务已成为城市社区治理中不可或缺的一环。各级党委和政府应为志愿服务搭建更多平台，更好发挥志愿服务在社会治理中的积极作用，进一步弘扬奉献、友爱、互助、进步的志愿精神，推进志愿服务制度化、常态化，为韧性城市建设奠定更坚实的社会基础。

充分利用数智技术的优势

人类已经进入了大数据、人工智能、移动互联网和云计算的数智时代。数智化是在信息化和数字化能力基础上，结合人工智能技术后形成的技术手段和工作系统。数智化在数据化的基础上更加凸显数据层面的治理与算法层面的智能，从而能够深刻影响赋能及其价值创造的过程。城市借助数智技术提升能力和韧性，是推动城市治理优化升级、提升居民获得感幸福感安全感的重要手段。

近年来，一些地方大力发展数字经济，推进数字政府建设。不过，仅仅通过基础设施投入实现城市各个系统和部门间的信息化和数字化联结是不够的，还需要利用大数据和人工智能技术对与城市运营和发展相关的多模态数据进行分析，提升决策质量和效率。同时，要清楚地意识到，技术虽然能为搜集数据提供极大的便利，但搜集什么数据、在哪些情境下搜集数据、怎样使用数据等问题，事关个人隐私乃至公共安全，亟须制度化规范化。另外，也不能将数字技术当作简便的管控工具，更不能过于依赖数字系统而变得懒政、脱离群众和远离实践。综上，利用数字技术提升城市韧性是城市治理各个部门面临的重大机遇与挑战。

建立提升社会韧性的教育体系

从本质上讲,组织良好运转的关键在于人,以人为本是培养城市韧性的立足点。相比于城市风险与灾害防护视角下的传统城市韧性,人本主义视角下的城市韧性更注重城市中人的韧性。个人和社会的韧性来自应对危机的能力与素质,因而建立增强社会韧性的教育体系、提升公民风险防范能力尤为必要。第一步,通过素质教育让每个以自我为中心的自然人转变为考虑公共利益的社会人。第二步,通过职业教育让人们从遵守社会规范的社会人转化为组织人,即在组织里遵守组织制度、规则和工作流程。第三步,通过专业培训使人们从组织人转变为专业人,以更好地应对各种风险挑战、提高组织绩效,为社会做出贡献。这样,就能最大程度地发挥人口红利,提升人力素质,以优秀的人力资源提升城市韧性。

营造良好的营商环境

营商环境是指企业等市场主体在市场经济活动中所涉及的体制机制性因素和条件,是城市的重要软实力。营造市场化、法治化、国际化、便利化的营商环境可以增强城市发展的内生动力,是打造韧性城市的关键着力点。为此,各个城市要精准定位,树立标杆,补齐短板,着力优化营商环境。其一,营造公平竞争的市场环境,多措并举优化融资环境,保障市场主体融资需求;加大研发投入和专利保护,以创新引领产业转型升级;完善公平竞争制度,改革监管体制,加强行业自律;降低资源获取成本;努力打造种类齐全、分布广泛、功能完善的现代中介服务体系。其二,营造高效廉洁的政务环境，积极构建"亲""清"新型政商关系，加强对企业的关怀力度；深化"放管服"改革，提升政府服务效率和能力；加快建设廉洁政府、透明政府。其三，营造公正透明的法律政策环境，保证司法公正、公开；打通司法服务"最后一千米"；加强知识产权保护；完善社会治安防控体系，维护安定有序的社会治安环境。其四，营造开放包容的人文环境，坚持对外开放、互利共赢；培育和弘扬企业家精神，完善社会信用制度，提升城市人文魅力。最后，找准城市战略定位，发挥城市特色和比较优势，以城市群和都市圈为依托，实现资源共享、优势互补、共赢发展。

当前讨论城市韧性具有特别的意义。城市是落实国家顶层设计和宏观战略最重要的单位。在中国经济和社会发展步入新阶段的过程中，需要更多城市以科学系统的方式提升自身韧性，拥有识别或打造本地比较优势、激活市场主体和民众创新创造的能力，从而积累更加充足的物质资源和社会资源，成功应对各种挑战和不确定性。

参考文献

［1］Wildavsky A. Searching for safety[M].New Brunswich:Transaction Books,1988:253.

［2］Perrow, C. Normal accidents: Living with High Risk Technologies (updated edition)[M]. Princeton University Press, 2011: 62-100.

［3］朱正威,刘莹莹.韧性治理：风险与应急管理的新路径[J]. 行政论坛，2020(05):81-87.

参考文献

［4］《"十四五"新型城镇化实施方案》系列专家解读之三 | 优化城镇化空间布局和形态推动"十四五"新型城镇化高质量发展[R/OL].(2022–07–28).https://www.ndrc.gov.cn/xwdt/ztzl/xxczhjs/ghzc/202207/t20220728_1332075.html?code=&state=123.

［5］Yosef, J. Planning the resilient city: Concepts and strategies for coping with climate change and environmental risks[J].Cities, 2013(31): 220–229.

［6］赵瑞东,方创琳,刘海猛.城市韧性研究进展与展望[J].地理科学进展,2020,39(10):1717–1731.

［7］Jha A K, Miner T W, Stanton–Geddes Z. Building urban resilience: Principles, tools, and practice[M]. World Bank Publications, 2013.

［8］张志学,易希薇.在温州,看见中国城市的韧性[N].温州日报,2020–12–09(01).

［9］陈国青,任明,卫强,等.数智赋能：信息系统研究的新跃迁[J].管理世界,2022（01）：180–195.

［10］肖越.面向高质量发展的空间治理——2020中国城市规划年会论文集（01城市安全与防灾规划）[M].北京：中国建筑工业出版社,2020.

关于韧性城市建设的探索与思考

林立

北京市密云区人民政府副区长

党的二十大报告指出,要"打造宜居、韧性、智慧城市"。城市的"韧性"从一定程度上体现了城市在抵御灾害并从灾害中"修复"的能力。笔者结合北京市密云区在城市建设中的工作实际,浅谈对韧性城市建设的认识、思考与建议。

▶ 北京市密云区推进韧性城市建设的经验与探索

密云区委区政府深入贯彻落实习近平总书记关于防灾减灾救灾的重要指示精神,统筹发展和安全,始终把安全发展作为贯穿全区发展的重要方面,积极推动韧性城市建设。密云区委区政府始终坚持人民至上、生命至上,坚持战略思维、历史思维、系统思维、底线思维,紧密结合超大城市转型发展实际,突出预防理念,运用综合性、系统性手段更好应对风险和挑战,努力提高城市应对风险冲击的抵御能力和恢复能力,全面提升城市规划、建设、管理的现代化水平,把增强人民群众的安全感、幸福感落到实处。

一是强化统筹部署。2021年,北京市印发了《关于加快推进韧性城市建设的指导意见》(以下简称《指导意见》)。为深入贯彻落实《指导意见》的相关要求,密云区委区政府建立了"北京市密云区韧性城市建设领导小组",负责统一领导韧性城市建设这一长期战略的持续提升和落地执行。目前区政府已组织协调56家区直单位,制订《关于加快推进韧性城市建设的指导意见任务分工表》,明确68项具体工作,统筹各项工作开展,压紧压实韧性城市建设的主体责任。

二是拓展空间韧性。借助科学城东区大科学装置,密云区委区政府积极开展本区气候变化影响研究和地下结构探测分析,不断提升自然环境影响识别认知水平。统筹开展全要素、全过程、全空间的综合风险评估,确定风险等级与防控措施,完善各类灾害易发区识别与划定,编制灾害综合防治区划图,不断优化城市规划和城市更新实施方案,在城市空间布局上最大限度地降低灾害损失风险。完善城市防灾空间格局,推动生态网络和防灾网络融合发展,以城市快速路、公园、绿地、河流、广场为界划分防灾分区。统筹规划应急避难场所选址和建设,逐步将各类广场、绿地、公园、体育场馆、学校、人防工程等适宜场所确定为应急避难场所,为受灾群众提供就近、便捷、安全的安置服务。

三是强化工程韧性。密云区委区政府借助于科技手段不断提高建筑防灾安全性能,全面排查农村民居、水库大坝等抗震性能,推进现有不达标建筑抗震加固改造，同步加固建筑外立面及其附着物。不断加强灾害防御工程建设，逐步提升洪涝干旱、森林草原火灾、地质灾害、地震等自然灾害防御工程标准，保证工程质量。深入排查治理地质灾害风险隐患，积极推进地质灾害易发区农民搬迁工作。稳步推进矿山采空区、尾矿库工程治理。统筹森林防火道路与防火隔离带建设，实施高速公路、乡村公路和急弯陡坡、临水临崖危险路段公路安全生命防护工程建设。

四是推进海绵城市建设。密云区委区政府充分发挥生态空间在雨洪调蓄、雨水径流净化等方面的作用，构建区域水生态网络，综合采取渗、滞、蓄、净、用、排等措施，加大降雨就地消纳和利用比重，降低城市内涝风险，涵养水资源，改善城市综合生态环境。加强城市排水河道、雨水调蓄区、雨水管网及泵站等工程建设，消除"断头管"现象，优先采用绿色设施开展城市积水点、易涝区治理。

五是建强城市感知体系。密云区委区政府不断完善气象监测站网建设以提高气象预报预警精准度。推进森林火灾远程监测系统建设和卫星遥感、航空巡查、在线监测等新技术应用。建立健全生物安全和重大传染病监测预警网络。完善大中型水库、骨干河道洪水预报系统，加强调度信息共享。完善环境风险监测评估与预警体系，强化重污染天气、重点流域水污染等风险预警。

▶ 关于加强城市韧性建设的几点思考

习近平总书记强调："城市发展不能只考虑规模经济效益，必须把生态和安全放在更加突出的位置，统筹城市布局的经济需要、生活需要、生态需要、安全需要。"①建设韧性城市体现了"把困难估计得更充分一些，把风险思考得更深入一些"的底线思维和战略眼光。韧性城市建设是一个系统工程，包含基础设施韧性、经济韧性、社会韧性、空间韧性、生态韧性、治理韧性等，体现在安全生产、社会治安、医疗卫生、生态环境、食品药品安全等诸多领域，牵涉城市规划、建设、管理、更新等各环节，是政府治理体系和治理能力现代化的重要体现。在推进的过程中，要注意抓好以下几方面重点：

一是提高思想认识，教育引导人民群众深刻认识韧性城市建设的重要意义。城市是人的城市，人是城市的主体。建设韧性城市的出发点和落脚点都在于让人们生活得更舒适更安全，让人们的生活变得更美好。因此要切实提高群众的参与感，培育城市韧性素养，逐步形成人人主动提升个体韧性、自觉践行城市韧性，积极参与、全面支撑韧性城市建设的生动局面。

二是建立指标体系，优化完善韧性城市评估咨询机制。城市建设受政策要求、基础水平、财政状况、自然灾害、人口状况等诸多因素影响，针对不同治理客体需要采取不同的建设对策。建设韧性城市，应考虑建立健全韧性城市评价指标体系，定期组织开展韧性评价和韧性压力测试，定期组织综合评估，建立韧性城市建设专家咨询机制，引导各领域专家为韧性城市建设决策提供支持、指导和参考。

三是形成工作合力，强化韧性城市建设综合施策。韧性城市建设涉及政府多部门、多领域，在这个过程中，规划自然资源、经济和信息化、住房城乡建设、城市管理、交通、水务、卫生健康、应急、民政、地震及其他有关

---

① 2020年4月10日，习近平在中央财经委员会第七次会议上的讲话。——编者注

部门都应制订本行业本领域的韧性行动计划，采取有效可行的工作措施，持续致力于城市韧性提升。

四是加强区域协同，提高联防联控联治重大突发公共安全事件的能力。为了保护密云水库一盆净水，密云区与怀柔区、延庆区、承德市、张家口市共同签署《密云水库上游流域生态环境联建联防联治战略合作协议》，"两市三区"正式联手组成"保水共同体"，成立密云水库保护公益基金会，定期开展突发水环境事件联合应急演练，使密云水库上游流域地区协同合作不断向纵深推进，取得了良好效果。

在韧性城市建设中，也可借鉴类似经验做法，建立跨行政区协同应对防灾防疫机制，以城市群、都市圈为单元，统筹考虑区域性重大应急设施配置、应急物资储备及重要保障空间的布局，统一制定灾情防控政策，统一调配应急保障资源，防止突发公共安全事件不良后果的进一步扩散。

第五章

人文城市

　　建设历史底蕴深厚、时代特色鲜明的人文城市是推动我国新型城镇化的重大战略部署。人文城市承载人文功能、收纳文化成果、展示文明风貌。人文城市建设揭示出城市发展的目的在于为人民群众提供了一种"有价值、有意义、有梦想"的生活方式,是将"以人为本"理念在城市发展中真正落实落细、维护城市社会整体和谐的有效途径。

新型城镇化视角下人文城市建设理路

陈宇飞

中共中央党校（国家行政学院）文史教研部教授、中央党校创新工程文化前沿问题项目组首席专家

新型城镇化战略的主旨，关键在转变城市开发建设方式，推动城市高质量发展，不断满足人民群众日益增长的美好生活需要。在新型城镇化推进过程中，提升人文城市建设意识和实践，居于格外重要的位置，并应起到关键性导向性作用的。在这一历史进程中，主要行动方向是培育新型城市发展动能，提供更优质的生活保障，更好地体现城市文化特色，满足人们多样性文化需求。

新型城镇化的题域与指向

政策与实践

一是国家层面构想。"新型城镇化"这一概念在中国共产党第二十次全国代表大会上的报告中处于很醒目的位置。具体要求包括:"推进以人为核心的新型城镇化,加快农业转移人口市民化。以城市群、都市圈为依托构建大中小城市协调发展格局,推进以县城为重要载体的城镇化建设。坚持人民城市人民建、人民城市为人民,提高城市规划、建设、治理水平,加快转变超大特大城市发展方式,实施城市更新行动,加强城市基础设施建设,打造宜居、韧性、智慧城市。"关键点是"以人为核心",突出的是"人民城市人民建,人民城市为人民"。

在国家发展改革委印发的《2019年新型城镇化建设重点任务》中,新型城镇化则细化为加快农业转移人口市民化、优化城镇化布局形态、推动城市高质量发展和加快推进城乡融合发展等项内容。具体意向可解读为:提升城市人文魅力,保护传承非物质文化遗产,推动中华优秀传统文化创造性转化、创新性发展;优化提升新型智慧城市建设评价工作,指导地级以上城市整合建成数字化城市管理平台,增强城市管理综合统筹能力,提高城市科学化、精细化、智能化管理水平;鼓励城市建筑设计传承创新,彰显中国建筑文化特色。文件更明确地把重头文章做在了城市文化建设和提升管理效能上,这些认知和实践指南,都给人文城市的建设和推进,提出了明确的目标,也提出了很高的要求。

二是城市实践推进。在新型城镇化战略中,转变城市开发建设方式、推动城市高质量发展、不断满足人民群众日益增长的对美好生活的需要，都是关键词。而提升人文城市建设意识和推进实践，在其中又居于格外重要的位置，应起到关键性作用。新一轮城市更新是一次重大机遇，也是一次城市发展方向的战略性调整。依照北京市十五届人大常委会第四十五次会议 2022 年 11 月 25 日表决通过的《北京市城市更新条例》：在减量发展背景下，北京的城市更新不只是简单的旧城旧区改造，而是由大规模增量建设转变为存量提质改造和增量结构调整并举；不只是物质空间层面的修修补补，而是推动城市可持续发展、治理能力现代化的系统工程。这意味着，在今后一段时期内，城市发展思路更加突出持续完善城市功能、补齐城市短板、增进民生福祉、促进产业发展。并特别强调了如下发展主旨：坚持敬畏历史、敬畏文化、敬畏生态。具体行动框架是：完善区域功能，优先补齐市政基础设施、公共服务设施、公共安全设施短板；落实城市风貌管控、历史文化名城保护要求，严格控制大规模拆除、增建，优化城市设计，延续历史文脉，凸显首都城市特色等。其建设的重点部位，也是有很强的针对性和时代意义的：如新型基础设施、科技创新等高精尖产业、文化产业、养老产业等新产业新业态。其意图很明显，就是要重点培育新型发展动能，营造更优质的生活保障，更好地体现城市文化特色，满足人们多样性文化需求。

▶ 人类城市演进理论与启示

依循人类城市发展变迁考察，城市发展应该既见物又见人，见人是核心。城市既要为人提供工作、休憩、商购等方面的良好生活保障，更要提供家园识别、教育成长和精神享受与娱乐的文化保障与支撑。在城市生活的支撑条件上，城市要提供的，首先应该但不仅仅只是生活居住和谋生的保障，而是人的多种生活需要都应得以满足；在生活内容的构成上，尊重人的精神价值追求，尊重人的成长发展需要，满足人们的精神文化享受要求，则是重中之重。城市不仅仅是让人们活在这里，更是让人们生活在这里。人们要求方便、舒适和平安，更要求快乐、成长和自由。人的价值目标和追求，就是城市建设的最高依循，也是城市建设的关键。新型城镇化的起点，就应该设定在城市高品质发展上，以人文城市建设思路去约定我们的新发展路径。

"圣人观乎天文，以察时变；观乎人文，以化成天下。"其意在强调天地自然与人类活动间的内在逻辑关联性。所谓人文，以今天的方式解读，正符合"人为的城市，应该是为人的城市"的命题，在城市的发展目标上，除了要对经济指标、人口规模、占地面积等硬性指标加以关注外，人们更应该学会以内在的情感方式，以文化的内容要求，去评价城市发展质量，要引导人们更多地去感受城市，触摸城市，体悟城市，要更多地采取软性的城市评价方式。

人类一切活动及其显现形式，无不投射了人类的精神理念、价值判断、情感诉求和审美理想。我们发展城市，建设城市，其根本目的，也就在于此。

《雅典宪章》曾针对城市发展的诸多问题，提出了功能分区的理念，意图以工作区、居住区、商业区和娱乐区的清晰划分，凸显城市功能的区隔分工，也提出城市必须以人为本的观念。其整体意图是好的，但实际效果却与初衷大相径庭，功能分区的设计和实践，客观上加重了城市的通达性难题，加大了人们出行的难度。依然是见物不见人的结果。而此类城市规划模式，在1977年通过的《马丘比丘宪章》中，已经用"混合功能"概念替代了功能分区观念,这更呼应了人类城市生活的基本方式和生活需求。以人为本的理念,得到了更好的认知。在1999年通过的《北京宪章》中,同样继承了《马丘比丘宪章》的思想精华,并将人类对于新生存挑战的思考和中国人的东方智慧融入其间,更好地整合了新型的城市发展思想。

而源自英国、法国的,曾经风光一时的田园城市理论、光辉城市理论,其缘起也是应对城市无序发展而生发出来的,但在构想的时候,却依然落入过度理想化的窠臼。《明日的田园城市》提倡了一种剧烈的社会改革思想,希望用城乡一体的新社会结构形态,来取代城乡分离的旧社会结构形态。田园城市理论的影响广泛且深远。虽然这一理论框架的精华与价值是不容忽视的,但因其有相当程度的空想性,也并未很好地顺应城市的文化生长规律和特性,不注意遵从生活构成的基本机理和规律,因而真的要具体实践就非常困难。

20世纪60年代,加拿大籍作者简·雅各布斯的《美国大城市的死与生》登场,向田园城市类理论发起了冲击,并最终颠覆了这类理论模型。她以不太专业,但很生活化的视角打量了自己生活的城市,把认识城市意义的顺序,从想象中的规划图,回到了生活的本意。标准的简式认知,很反对"穿着干净的西装在明亮的办公室里画出未来的城市",而是认为应该从生活的本来样态中,依循生长规律和特性,培育出新的生活空间。人生活的城市,孩子要能在街上玩耍,跑跳自由,家长放心;邻里要能安全地交流和互动,站着聊家常不会有太多的危险感。她反对城市的同质化现象,提倡城市本来就有不同的街道、不同的社区,特别是城市的成长方式,不能简单地以否定原有空间形态去实现,而是要以如同树木生长一样的机理,让城市与人的生活机理相呼应、相协调。她认为城市不一定要伟大、奢华和宏伟,而是要在再生、创造和智慧的行为模式中,让城市可爱和好用,城市的灵魂和本意,其实就是人的生活本义。

▶ 人文城市理念的再理解

人文城市的理念和实践，在城市的成长和发展中，是共生共进的关系。人们应依照生活不断扩展的需要来营造更符合生活需求的城市。人文城市的本意是："我们首先塑造城市，而后城市塑造我们。"城市文化既是内生的，又是外化的。其内生性是由外在的自然环境所促成的，而在其外化过程中形成的城市形式、结构机理和文化氛围，又是由内生的精神观念所造就的。内生性是对环境的认知与适应，外化则是对环境形态的再造和关照。这样的由内而外、由外而内的反复循环，客观上形成了城市文化的有机生命体形态，成了推动文明世界不断演化、进步的力量，成为城市的样式、风貌和气质。

今天，我们之所以重视城市文化的建设，就是希望通过对城市文化内在规律和构成机理的探寻，找到决定城市发展质量的根本要素，让人们生活在更好的、更方便的，有更多文化享受保障和选择可能性的城市里。

▶ 中国新型城镇化的机遇与重点

空间拓展的转型

我国正在走入新一轮的城市更新阶段。从 1978 年以后一直在持续的城市空间拓展行动已基本告一段落，人们的居住空间难题已基本解决。《中国住房发展总报告（2021—2022）》分析：截至 2021 年 10 月，在住房需求上，我国新开工、施工与竣工面积已从快速上升走向波动性回落。如果以高质量标准要求，相关报告认为，我国城市的发展短板依然不少，城市品质提升也有较大空间。如城市基础设施还需完善，城市设计和管理的精细化程度也有待提高，城市整体风貌的文化意蕴也不够清晰，还有待梳理提升。合作、共进和参与，应该更为深入地融化在城市发展行为中，更积极地回应人们的真实生活需要、文化需要和社会发展需要，应成为城市更新的核心议题和主导方向。要更多地关注城市多重功能的有机融合，完成城市能量的有效集聚，以形成不断趋向完善的生活、娱乐、商购和工作条件的优质融合，促进城市的文旅融合发展。今后一段时期内城市建设的主题，将会更加突出"提升效能、优化构成、着力品质、完善细节"的人文目标。

新型城镇化与家园意识培育

提升家园认同感。以家园认同的高度理清新型城镇化推进的思路，是人文城市理念的题中要义。人们对文化完整性构成的要求，在新一轮城市发展中，应该更被重视。在城市快速发展的时候，城市空间的拓展是第一主题，应对的问题是居民的居住难题。文化的价值和意图，很难在生活空间需求紧迫时被深刻理解和关注，这是城市的"空间拓展"阶段的特有状态。人当然不能没有居所，这是最简单的问题。但随时间推进，空间问题会逐渐疏解，城市品质化的要求则会日渐显现。人们要去好的购物场所、影院、健身俱乐部、博物馆、图书馆，城市发展便进入了"功能拓展"阶段。此后，城市功能增加的功课推进会加快，文化馆、博物馆、体育设施、大型购物中心、影剧场纷纷登场，城市建设进入新的阶段。

新型城镇化的推进，等于对空间拓展和功能拓展阶段做了总结，并在其基础上，开始了人文城市理念的全概念实践阶段，人的价值全面实现问题，已被提升到城市发展的必需条件位置。其主要目标指向，是人的精神价值被真正确认和实现，是除去人的生存和生理需求，开始更为关注具有关乎人类生存根本意义的价值需求和文化审美需求，人需要寻求精神世界的完善。同时，人们还希望文化生活要丰富，要有更多选择性，这对体验环境、场所和文化产品提出了更高的要求，人们需要在城市文化完善的设施、服务中，去感受美，感受生活的意义，接受文化成果的传递和文明教化，增进做人、行事、交往、成长的价值判断力。这些都是新型城镇化要解决的真实问题。

以家园识别推动城市构型

新型城镇化的核心动能，源自对精神家园的构筑。精神家园的文化辨识特征，是通过风貌、空间、设施、符号、行动、仪式和氛围等一系列要素去实现的，有外在和内在两个系统，首先是外在系统呈现出一座城市的文化气质，然后有内在系统充实着人们的生活意义。其构成愈益完善，精神家园的构筑就愈加完整。一切城市建设的努力，就是为了实现"家园城市"的文化辨识效应。如果用"以人为本"的理念、环境心理学、城市文化构成生态效应去关照城市发展路径，就有可能超越物态意义的城市发展路数。我们判断城市文化的品质，外在的识别性首先就是一个重要标准，一座城市的文化气质，其外貌是第一凭据。然后才是深入进去后层级递进式的感受。所以城市风貌构成，是新型城镇化中的重头戏。我们的文化记忆、文化心理和文化家园的识别，都在意识成熟后，显现出了格外的意义和价值。这也提醒我们，新型城镇化的建设和推进，应更为注重历史文化传承，注重文化风貌的保护和利用，尊重生活节奏和细节的构成方式，这些都是构成我们家园环境和内在气质的关键要素。这番作为的意义，许多城市建设者都看到了，也有很多的历史风貌如传统历史街区、城市特色呈现区域的实践，但这些如果只是停留于表面形式，显然还不足以构成文化家园的完整意义。

满足文化生活构成的内在要求

城市有义务有责任建构文化、艺术的传习、保护、生产、展示、宣传的多种机制和机构、场所。通过学校、影剧院、图书馆、美术馆、博物馆、广播电视台站、城市功能设计与设施、公共艺术品、基层文化馆等多种方式，向城市社会传递文化讯息，形成文化氛围，影响社会心态。多方面、多角度、多层次、全覆盖地满足市民的文化、艺术需求。市民的文化需求，就是一个健康城市文化体系建构的根基，是最重要的依据，也是其整体风貌的呼应。正如美国著名城市学家刘易斯·芒福德所总结的那样："古往今来多少城市又莫不缘起于人类的社会需求，同时又极大地丰富了这些需求的类型及其表达方法"。他所总结的就是我们所要描述的城市文化生态体系的根本起因。我们所期待的，也就是在我国的新型城镇化推进过程中，不断对文化生态的意义加深认识，深刻理解，并进而能够自觉地将文化生态的精神内涵真正运用于我国城市文化建设的实践。

人文城市新发展方式的构成要素

文化集聚效应认知

城市是集聚的产物,"城市本身表明了人口、生产工具、资本、享乐和需求的集中",所谓文化集聚效应,是指在城市发展的历程中,城市借助所在的特定地理区位优势,所形成的文化吸纳优势和历史文化积淀,使它能够不断地吸纳和集聚相当范围内的人才、文化、资金,并在吸纳过程中,对所吸纳的文化成果和经验,不断地有效实施收藏、保护和加工功能,由此会产生相应的"文化增值"现象,形成文化示范效应和文化辐射效应。我们把这种效应,称为城市的文化集聚效应。

良好的城市文化集聚效应,会促进一座城市成为特定区域内的文化中心和注意力核心。在当今我国的城市发展中,除了要完成大量的人口城市化转移外,更为重要的是,要完成文化观念、功能、内容的整体更新转换,建设新时代具有中国特色的城市生活。新形态的人文集聚效应表现为,在世界的城市发展格局中,要为我国城市的良性发展,更为有效地集聚高端人才、新型产业、优良资本,尽量发挥相关的集聚效应,激活文化动力要素,形成新的发展推动力。我国城市在城市核心区域与重要场所的营造中,要特意地增强文化意识,在拓展它们应该具有和可能发掘的文化效应上,还是大有可为,大有拓展空间的。

公共文化空间效能认知

城市文化在社会功能构成上,呈现出公共性特征。公共性是城市文化最核心的属性之一，它的含义是通过对城市公共生活的建构，实现全体公民的社会权利。我们必须认识到，无论政府、企业、组织和社群乃至个人，每一个社会构成元素，都必须以社会公共利益为最大前提，必须适应公共性所指向的社会发展方向。这种内涵要通过完善的城市公共空间和场所设计、完善的公共管理制度和公共政策设计与实施、多样的公共艺术展示、社会各群体各阶层的相互包容等多种途径去实现。

城市文化需要包容，需要多元文化支撑其生命力量。文化丰富性首先就要求在城市的功能构成上，要满足多样人群，要有意吸纳能够满足城市发展需要的多样化人群，要熟知和适应多种社会阶层人群的多样性的生活、工作、休憩、娱乐的需要，所以必须设置足够的保障机能和设施条件，要以制度形式完善其丰富性建构，通过多样化的社会服务，为全体市民服务。要在保障人民群众充分的文化权利的前提下，在文化丰富性实现过程中，通过相互之间的学习、借鉴、交流，不断促进文化发展。同时，丰富性还指城市的文化包容性特征和文化构成的多样性特征。城市的根本活力就是来自文化的多元性。城市中多样化的人员流动，必然会带来各个不同阶层、群体、文化习俗的价值观和审美趣味，他们有着不同的利益诉求，城市通过对他们的吸纳完善自身建设，当然地就具有包容性和多样性，由此构成外在形态和内在精神气质的丰富性。

文化传承与创新并重认知

城市文化在发展过程中，不断地进行着历史文化元素的积淀和文化传承，呈现为历史文脉的完整性和传承性特征。完整性特性体现出的是城市文化的历史发展脉络，而传承性原则是对城市文化源泉的尊重和沿革。文化是完整的生命体，城市更有其深远的产生原因和动因，有完整的历史故事。良好的城市文化建设必然呈现为完整的文化生态面貌。要完成城市文化精神的建构，完整性和传承性原则是一个基本前提。城市文化建设除了必须完成文化传承和收纳以外，还必须完成创新性建构。文化创新是城市文化的生命力源泉，是推进城市文化发展的根本动力。文化创新是文化演进的重要因素和动力，在文化保护的前提下，文化创新方能有更坚实的文化根基，才能有更优质的文化资源。以城市形态而言，越是构成完整的形态，越有激励效应，空间语言愈丰富，文化活力也会愈强。一条完整的城市文化历史脉络，承载的是代代相承并持续积累的文化能量。培育新型文化生产力，首先就需要有空间环境保障的支撑。譬如，许多城市不但有传统历史街区的改造心得，也还有一些工业区成功改造的心得，极大地丰富了城市文化空间的语言模态，这都属于对空间环境的更宽泛的理解成果，像北京首钢工业园区、景德镇陶溪川园区、南京秣陵九车间园区、长春水文化生态园等。

北京首钢工业园区的成功转型，为我们探讨在人文城市建设实践中如何实现传统空间形态的功能性转换提供了一个鲜活并具积极意义的范例。首钢园区形成年代可以追溯到1919年，后经过不断的完善改造，终成北京市的一家支柱型企业，成为工业时代的典型产物。随着城市建设的更高要求的提出，首钢园区对城市环境的负面冲击愈益严重，首钢改造或搬迁被提上日程。但当企业整体搬迁终于完成时，首钢所在地区域发展问题，又成了首要问题。经过多方论证，参照世界上工业园区改造成功的案例，首钢园区确立了以文化创意产业园为定位，其外在的工业场景被完整保留，并赋予了新的文化功能，完成了从景观符号记忆到新功能培育的华丽转身，成为城市新地标，年轻人的热门打卡地。那些粗犷大气的炼钢炉，转身成为商业和文创业态的最好家园；大型的水泥筒仓，改成了北京2022年冬奥会组委会的办公楼，视觉和使用效果均属一流；就在大高炉旁，凌空架设的大跳台，承担了冬奥会跳台滑雪的重要项目。而经过了高效的空间整合，将六幅互通的地块，包括11栋独栋产业、11栋独栋旗舰商业和一座购物广场组合而成首钢园六工汇，则更成为新空间组合的典范。由于其空间语言独特，业态丰富，很受时尚人群欢迎。这一园区的改造成功，超越了德国鲁尔工业区的改造案例，成为人文城市空间唤醒和新业态培育的新区域发展典范。

▶ 我国人文城市建设的新实践方向

我国城市建设正在进入"内容拓展"期。城市化水平从50%向上攀升，正在向70%的高度发达的城市化水平跃升，而人均GDP也已经跨越了10000美元门槛，并持续向上提升，恩格尔系数正在降低，接近发达国家水平。在此阶段，城市建设会更为自觉地寻找丰富的文化含义，构筑更广阔的文化空间。人类文化遗产的巨大文化价值，被人们更自觉地接受和承认。人们更在意完美的生活环境与条件，对丰富多样的、有多种选择可能的、文化生态良好而完整的文化生活充满了强烈的渴望。我们即将迎来这一时期。

人文城市建设的主导性目标和力量，就是文化建构。中国化的城市文化建构体现为：中国元素明确的，历史讯息清晰的城市建筑、街道、街区、社区的整体机理，以至序列化的文化风貌。其特有的城市人文功能，承载着城市文化内容，记载着我们独有的文化讯息，进而实现新城市功能的非常重要的文化实体性要素。新的城市功能应该以历史文化要素为基本依据，实现收纳文化成果，承载城市生活，展示文化内涵，拓展新城市功能的目的。

我国的城市建设，正在以惊人的速度推进着，我们十分有必要更为重视我国城市的"有意味的文化建构"。我们看到有很多城市对城市文化建构的理解正进一步深化，包括对历史文化风貌的价值确认，对新文化设施的大力营建，为市民文化提供的服务也在不断拓展，这些都属于对新型城镇化的阐释。

搞好人文城市建设，就是要处理好诸多城市生活和城市社会特有的矛盾，如自由与秩序、活力与规范、多数人与少数人、全球化与民族性、庆典心态与日常生活、高效率与轻松自由、喧闹与宁静、展示功能与人的正常活动、庸常化的世俗生活与艺术化的生活追求等多种矛盾。

首先，要在处理这些矛盾的过程中，逐步凸显文化的价值和意义，真正将公共文化设施和文化资源权利还给人民，保障人民的文化权利充分得以实现，为人民群众提供良好的文化服务，提供丰富的文化产品，拓展广阔的文化传播空间和渠道，满足人们日常文化生活需要和长久的文化享受可能，同时对外充分展示一个城市的文化魅力。

其次，要加强社会文化建设，加强城市社区建设，提升城市社会的内在聚合力，提高城市的社会运行效能。努力促进城市居民的精神沟通与文化交流，促进各类人群的文化融合。

最后，要以人文精神作为城市治理的核心，以多种复杂的需求元素组合成高效、人文、公正的城市管治体系，不断提升城市治理水平，坚持以人为本，坚持以人的正常活动为核心，维护城市社会的整体和谐，从而真正实现文化意义上的全面性的社会和谐。

中国特色人文城市的价值追求与实践启示——以杭州塑造城市人文精神为例

黄健

浙江大学文学院教授、博士生导师，曾任杭州市决策咨询委员会委员

  城市的建设和发展离不开文化的支撑和支持，特别是离不开人文精神的引领。中国文化源远流长、博大精深，特别是蕴含其中的人文精神，和城市的建设与发展有着密切关联，对塑造和提升城市精神品格，建设中国特色人文城市，具有重要的理论意义和现实作用。杭州塑造城市人文精神的实践表明，坚守中华文化立场，遵循中华人文法则，提炼展示中华文明的精神标识和文化精髓，必定会使中国特色人文城市，以更加迷人的风采展现在世界的东方。

  文化是城市的根和魂，城市建设与发展离不开文化支持。建设现代化城市，其中一个重要目的，就是要使城市能够获得文化层面上可持续性发展的强大动力，不断提升亲和力和软实力，不断提升精神品位，具有鲜明的人文

特色，具有浓厚的人文气息和高尚的精神风范，同时也使城市品牌更具丰富而深厚的文化底蕴。

杭州为我国七朝古都之一，历史悠久，人文深厚。改革开放以来，特别是进入新时代以来，整座城市的面貌、格局都发生了翻天覆地的变化。"精致和谐、大气开放"的城市人文精神塑造，使城市品格、品质得到整体提升，为增强文化自信，创建中国特色人文城市，探索了一条切实可行的路径。

▶▶ 文化与人文城市创建

文化是人类创造的适应环境和改造环境的观念与工具，特别是蕴含其中的人文精神，则是文化的内核。它一旦形成，就具有持久性、稳定性、连续性，影响和规约人类社会发展。纵观人类文明史、文化史，文化对人类社会发展有着直接的推动作用。人类都是在一定的文化观念指导下，自觉或不自觉地按照其内在要求开展社会实践活动的。对于城市的形成、建设和发展来说，文化及其所蕴含的人文精神则是其内在的驱动力，是构成城市品格、品质和精神的重要元素。进入新时代，随着新型城镇化的深入发展，如何不断增强城市核心竞争力，提高发展质量，保持可持续性发展，是一项值得深入探讨的课题。

中国文化依据"天人合一"理念，其人文观念注重人与自然、人与社会、人与人、人与自我的和谐统一，而就其价值功能而言，所强调的是"化"和"育"的作用。《周易·贲卦·象传》曰："刚柔交错，天文也；文明以止，人文也。观乎天文，以察时变，观乎人文，以化成天下。"中国文化的人文理念和法则，体现的是对人的生命、人的生存境况与发展及其前途命运的终极关怀，要求能够"赞天地之化育"，并与天地"相参"，使之在考察万物中，既要"上揆之天"，"下验之地"，也更要"中审之人"（《吕氏春秋·序意》），以充分保障人的生存、生活和发展的权利。

结合对我国城市发展史的考察，文化和人文观念与精神都始终贯穿在城市的形成、建设和发展的各个环节。如《周礼·考工记》就对建城做了详尽记载和描述，如《三礼图》中对周王城的规划和建设，不仅在技术层面上有精心规划，同时在观念上也更是突出了"天人合一""人文化育"思想，所提出的"匠人营国，方九里，旁三门。国中九经九纬，经涂九轨，左祖右社，面朝后市，市朝一夫"的建城主张，强调的是要按照"礼"制来建城，也即是要求遵循天下秩序，尊重自然道法和客观规律，展现人文城市创建理念。

秦一统天下之后的各朝代发展，在建城方面除了注重政治、经济、军事等功能外，也非常注重"人文化育"的城市功能建设，旨在营造和睦共处的人文环境，体现人文关怀，让居住在城里的人有一种安全感、舒适感和归属感。无论是汉代之后的"里坊制"，还是宋代之后的"街巷制"的布局和建造，都贯穿和体现了这一特点。尤其值得一提的是，汉代在"独尊儒术"之后，儒家"仁政"之说，作为统治者施政的人文思想，在城市建设中得以充分体现，如"民为邦本""敬德保民"之主张，就要求城市能够成为保民、为民，造福一方之天地。孟子在《尽心章句下》中提出"民为贵，社稷次之，君为轻。是故得乎丘民而为天子，得乎天子为诸侯，得乎诸侯为大夫"，以及在《公孙丑下》中提出"天时不如地利，地利不如人和。三里之城，七里之郭，环而攻之而不胜"之说，贯彻落实在建城方面，就是要求城市能够充分保障民生，安民富民。

杭州建城历史悠久，考古发现证明已有 8000 年文明史，5000 年建城史。特别是考古发掘的 5000 年前的良渚古城，被称为"中华第一城"，现已成为世界文化遗产。公元 10 世纪，吴越国对杭州都城的规划和建设，十分注重将发展民生与佛教文化相结合，实行"保境安民"，缔造了"地上天宫"。

公元 1138 年，南宋迁都杭州，注重发展文化、商业、艺术、工技等，促进贸易，繁荣经济，积极开展对外交流，再现了宋代著名词人柳永笔下"东南形胜，三吴都会，钱塘自古繁华。烟柳画桥，风帘翠幕，参差十万人家"的都城盛景，成为当时世界第一大都会。在城市建设方面，十分注重人文化育功能，将唐代白居易赞扬的以杭州为蓝本的江南文化，作为城市的诗意定位，凸显出城市诗性品格。南宋时期，杭州在成为全国政治、经济和文化中心之后，尽管是偏安一隅，但特定时期的繁华，则是为整个城市建设和发展，提供了难得的历史机遇，呈现出极具特色的城市化特征。

尤其是在文化方面，大批中原北方人士南迁，促使了南北文化交流和交融，极大地促进了城市文化发展。历史学家比较一致地认为，南宋时期是中国历史和文化发展与转折的重要历史时期，对后世产生了重要影响。一些国外学者甚至认为"近代的中国文化，其实皆脱胎于南宋文化"，不仅确立了中国文化重心南移的历史进程，而且对传承中华文明起到了不可估量的作用。宋代之后，随着城市工商业发展，杭州创办书院之风盛行，如明代的崇文书院、敷文书院、清代的紫阳书院、诂经精舍、求是书院等，都大大推动了人文城市的发展。在晚清，龚自珍的出现，则更是彰显出杭州文化创造和创新力，对近代变革产生了深远影响。

由此可见，文化与城市发展，与人文城市创建，紧密关联，有着内在的逻辑理路，能使城市文脉延绵不断，影响广泛。对于杭州来说，历史的悠久和人文的厚重，都为塑造"精致和谐、大气开放"的城市人文精神，奠定了深厚的基础。

▶ 人文城市价值内涵及其赋能

一般来说，创建人文城市须注重历史和文化传承，注重人文精神塑造和生态性建构，以使城市的人文性、人性化、自然性、情调化和生活艺术化等价值内涵和功能都得以充分显现和不断强化，也即具有海德格尔所说的"诗意栖居"的人文理想和精神形态。

结合人类文明史和文化史的考察，不难发现，人类对自身及其社会组织的认识、追求和价值取向上，其人文理念最主要的是集中在人本、人性、人伦、人权等几个方面，从中所确立的是"以人为本"的价值含义，表现出肯定人、尊重人、保障人的合法权利，追求人的主体性的人文精神法则，以保证在发展过程中使所建构的价值观、人生观、世界观和社会理想，自始至终都能够保持着对人的高度关注之情，以保持"足充人心向上之需要"的追求，贯穿其中的是一整套对于人的存在意义、生存境况、前途命运的终极关怀，一整套有关张扬人性、建构理想人格、推动文明发展的思想观念，一整套"以人为本"、充分肯定人、尊重人、维护人的价值学说。尽管人类文明和文化形态各有不同，但在这个价值和意义层面上，却是有着许多的相通性或相同性，而表现在创建人文城市方面，这就是要求城市作为人聚而成的特定空间，必须能够最大限度地保障人的生活舒适性，有充分的安全保障，有美好的发展前景，有对未来的热情企盼，让人在城市生活中能够宜居、宜业、宜发展。

"以人为本"的人文城市价值内涵，赋予城市以巨大的人文力量和精神关怀，让生活在城市的每一个人都能够感受到人文的温度，进而产生推动城市建设和发展的巨大动力，同时也使市民的文明素养得以不断提升，由此形成一种有价值、有意义、有温暖、有情怀、有梦想的文明生活方式，展现出对美好生活的热烈向往。因此，人文城市的功能意义就在于：它能够促使社会各种机能的和谐统一，能够让社会各种职能都能够服从"以人为本"和"人民至上"的价值目标，进而对各种资源进行最优化的整合和调配，推动人类社会进步和发展。

习近平总书记对打造人文城市发表过许多精辟论述。2015年5月在浙江考察调研时，他就"社会共建共享"问题强调指出："一个好的社会，既要充满活力，又要和谐有序。社会建设要以共建共享为基本原则，在体制机制、制度政策上系统谋划，从保障和改善民生做起，坚持群众想什么、我们就干什么，既尽力而为又量力而行，多一些雪中送炭，使各项工作都做到愿望和效果相统一。"习近平总书记关于创建人文城市的重要论述，为杭州塑造"精致和谐，大气开放"的城市人文精神，创建中国特色人文城市指明了方向。杭州在创建人文城市中特别注重人文价值的赋能特点，具体表现在以下几个方面。

重视城市人文精神统摄性赋能和作用

作为文化的重要价值内核，人文精神是一个民族、一个国家，以及一

第五章 人文城市

座城市的灵魂。按照系统论观点，人的社会实践活动，是一个整体性的活动系统。在这当中，人文精神对人的一切活动具有一种统摄性和引导性。"推进文化自信自强、铸就社会主义文化新辉煌"，落实在创建人文城市之中，就是要用人文精神统摄城市各项建设，尤其是精神文明建设，以增强文化自信，形成引领前行方向的强大精神力量，解决新时代发展中的各种社会问题。

杭州在塑造城市人文精神中，非常注重其统摄性赋能和作用。在推动城市从"西湖时代"向"钱塘江时代"发展，从"跨江发展"到"拥江发展"转变过程中，注重用城市人文精神进行统摄，打造以"品质"为内涵的城市品牌，以增强城市凝聚力、吸引力、竞争力和辐射力。如果说历史上的杭州总是给人以偏柔性印象，像"暖风熏得游人醉，只把杭州作汴州"，让人感受到的是一种精神上的消沉、享乐之气，那么，在塑造城市人文精神中，就更加注重注入时代精神的刚性要素，像钱塘江潮水，作为一种地域性的自然现象，同时也象征只争朝夕和敢为人先、不畏艰险的"弄潮儿"精神，它汹涌澎湃，气贯如虹，大势磅礴，显示出来的是城市品格中"大气开放""刚柔兼济""沉郁激越""自由活跃"和"开拓进取"的精神特质。

城市人文精神的统摄作用，具有增强凝聚力、向心力，能为推动城市精神文明建设赋能。杭州塑造城市人文精神，十分注重这种赋能的运用，注重把市民的思想、精神，凝聚到城市建设和发展的中心上来，不断增强市民的参与意识，养成热爱城市、保护环境、团结互助、文明礼貌、遵纪守法的良好习惯，进而营造出人人为城市发展做贡献的良好氛围，形成对内和对外的"合力"：对内，以文化为灵魂，构筑体系，全面涵盖，凝聚人心，汇聚力量，制定标准，创造价值；对外，以文化为引领，展示实力，创新发展，打造品牌，塑造形象，展示繁华，体现品质，从中展示出城市品格卓越和品质一流，突出创新精神，领先意识，形成巨大的城市文化引领力。

重视城市人文精神整合性赋能和作用

人文精神突出的是围绕着人的理想来建构符合人的最高利益的活动目标，将人的活动的最终导向朝着"真善美"三位一体的人类文明理想的方向发展。正如马克思在《1844年经济学哲学手稿》中所指出的那样，人始终都"懂得按任何物种的尺度来衡量对象"，都"按美的规律来塑造物体"。注重人文精神的整合性赋能和作用，旨在突破各种樊篱的限制，充分发挥人的主观能动性，促使人与人之间相互协作、协调，构筑众志成城，万众一心的精神长城。

杭州塑造"精致和谐，大气开放"的城市人文精神，重视将城市各种精神元素进行整合，使之植根于悠久和深厚历史文化土壤之中，特别是在城市文化层面上，使历史进程中的各种文化形态，如吴越文化、江南文化、"两浙文化"、南宋文化、西湖文化等相互融合，同时，也注重将城市的精神形象系统、行为形象系统、视觉形象系统、风情形象系统、经济形象系统等加以整合，形成新时代杭州城市精神合力，注重城市发展与自然和人文相统一的资源整合，重点突出新经济对于人文城市的影响要素，注重在城市经济中建立以全新的人类知识精华和高新科技为主导的经济形态，即善于以不断创新的高新科技为主导，将知识、智力、技术、文化等因素，作为生产和经济要素直接进入经济运行之中，使人力资本、智力资本、技术资本等成为经济的主要构成部分，产生具有低成本、低消耗，可持续性，以及知识、技术、文化含量高、附加值高、增长持续、报酬递增，能迅速提高资本的边际报酬和低能耗、低污染和低成本扩张的特点，其形态表现为知识密集型、智力密集型和技术密集型，扩散性和渗透性也都非常强。在这个基础上，注重强化科技、教育、文化事业等在人文城市诸要素中的重要作用，尤其是注重其中"人"的要素，与市民的文化素养、文明程度、精神风貌、言行举止、服务水准、职业道德、敬业精神、人际关系等相结合，整体性提升城市品格、品质和文明发展程度，展现人文城市的无限魅力。

重视城市人文精神规范性赋能和作用

人文精神作为一种价值规范，对人类各项活动都提出了相应的价值规约。例如，在制定发展经济的具体措施，规范政府、社会组织和公众的行为，锻造一个对人民高度负责的政府，一个充满自信心和活力的社会，一个有凝聚力的社会公众群体，培育全社会共识等过程中，人文精神都能够起到相应的规范、规约作用，以保证整个发展过程都自始至终地能够按照符合人的最高利益的价值规范而开展各项活动。

杭州塑造城市人文精神，充分地注意到了规范性的赋能和作用。随着城市经济总量不断增长，财富创造日益丰富，人们对城市发展也将会提出更高的规范性要求。譬如，在现代创业中，就要求对创业者的素质和创业质量提出相应的规范性要求，注重经济活动中的"软环境"影响作用，以及对区域经济的产业类型与结构等加以规范性选择和规划；注重人文精神与创新、创业发展之间的内在关联，规范与经济发展模式的打造，选择与城市性质和发展特点相吻合的高新科技创业，以及与改造传统产业相结合的经济发展模式。大力发展文化产业，提升整个经济的科技文化含量，提高产品和服务档次，改善经济增长质量和效益。认真处理好发展虚拟经济与发展实体经济的关系，走内涵式的发展道路，营造良好的城市创新、创业环境，建立相应的激励机制，打造优质的服务平台，搞好公共文化均等化服务，形成城市良性发展的内在机理、机制和逻辑理路。

▶ 大力实施人文城市品牌战略

城市品牌是一个城市的独特价值展现和精神标识，也是城市高品质、高质量发展的必经之路，其特点是通过一种独特的形象、符号和价值理念等方式表现出来的，形成人们对一个城市的认同、认知和向往，同时也是对城市"文化+"的一种情感和观念的共识及其相应的体验和接受。人文城市品牌的打造和提升，不是无中生有，而是基于城市的人文历史、地理因素、资源优势、产业分布等特点，结合城市整体发展愿景，通过综合、概况、比较、抽象及筛选和塑造出来的城市形象和精神符号。正是在这个意义层面上，大力实施人文城市战略，将会为整个城市品牌的提升，提供更多、更加丰富的文化内涵、思想理念、精神气质、品格品质和核心竞争力等方面的充分支持。

人文城市品牌是城市精神、品格品质和历史文化传统的独特价值标识符号，所展示出来的是城市精神的价值内涵，体现城市独特的人文性。大力实施人文城市品牌战略，要结合一个民族、一个国家的历史文化传统，结合城市文化的建设与城市形象的塑造，通过极具个性的城市品牌的打造、提升、推广和传播，展现出人文城市独特的品牌魅力，使之具有极高的知名度和良好的美誉度。进入新时代，塑造城市品牌，大力实施人文城市品牌战略，已成为我国城市提升综合竞争力，实现可持续、高质量发展的关键。

杭州在塑造城市人文精神中，大力实施人文城市品牌战略，善于在城市品牌中融入城市人文精神禀赋和品格要素，使之能够融会贯通杭州城市的各种文化元素，并与现代化发展的时代精神相结合，展现出一流的现代化城市丰富的人文价值，凸显出"生活品质之城""东方品质之城"的"独具韵味、别样精彩"历史文化名城风采。

在大力实施人文城市品牌战略中，杭州着力打造完整的品牌实施系统，分别在经济、政治、文化、社会和生态等五大领域，设计构建"繁华杭州""阳光杭州""风雅杭州""和谐杭州""生态杭州"五大分支品牌体系，明确相关实施要求，促进人文城市品牌与行业品牌、企业品牌，以及其他各项事业品牌的良性互动，共同提升城市品牌的传播广度和力度，使之更加深入人心。在这方面，其具体做法主要有以下几个方面：

打造城市品牌特色标志区块。按照经济、政治、文化、社会和生态"五大文明"各要素有机融合的要求，培育和建设一批与城市人文精神紧密相关联的城市品牌特色区块，着力提升以城市各个不同区域中心等为代表的特色景观区、街区的品位，加快建设一批特色创意产业园区，推进全域性生态环境与生活、创业的和谐发展，开展历史文化特色的"和谐街道（社区）示范区"建设，推出特色文化系列活动和相应示范点，开展"一地一品"文化建设活动，充分挖掘地方文物古迹、历史故事、人物传奇、民间艺术、风景名胜、特色产业等的文化内涵，编写杭州传统文化丛书，讲好"杭州故事"，打造人文杭州城市品牌。

建立城市品牌特色展示基地。依托城市各区的特色标识，打造不同类型的城市品牌展示平台，以创新的思路和方式，对城市品牌、行业品牌和企业品牌进行整合，设立"城市品牌展示点"，对具有特色的产品进行集中展示，每年举办城市品牌总点评发布会，对与品牌相关的示范产品、企业、区块、人物和行业等，进行以系列化、线路化、整体化为目标的串联整合，设计推出若干条展示品牌的特色体验线路，建立若干个可看、可听、可闻、可尝、可试的体验式、沉浸式的品牌展示点，进行广泛的传播和展示，不断增强品牌的识别度和亲和力。

构建城市品牌特色标识体系。大力实施城市品牌"CI工程"，进一步从形象、色彩、质感等维度，丰富完善体现品牌体系，建立与历史文化相关的城市形象识别系统，设计制作相关的品牌吉祥物、纪念品和反映城市形象的标志性图案和标志性雕塑，设立相关的文化遗存记忆牌，制作相应的文化地图和品牌推介手册，设计特色品牌引导体系，搞好历史文化街区、文化创意园区、产业园区、特色小镇、乡村综合体的文化建设，使之成为体现人文城市的标志性新窗口。

推动特色行业（企业）品牌展示。充分利用现有的行业品牌、企业品牌与城市品牌的关联，依托人文城市特色行业、知名企业，不断提升城市品牌的知名度和美誉度。例如，以"浙商大会""杭商大会"、大剧院演艺等行业品牌、企业品牌的宣传和推广活动，积极推动特色行业走向国际，扩大品牌影响力，同时还以文化交流、艺术表演、产品展览、企业展示、人物介绍等多种形式，广泛推介城市品牌，坚持每年推出一个重点，选择一个有影响力的示范点，进行大型的、立体化的、全方位的宣传和推广，并在此基础上，开展系列城市文化活动，全面展示创建人文城市的丰硕成果。

加强市民素质和精神文明建设。积极推进市民行为准则和社会道德建设，形成符合城市品牌要求的行为体系、用语体系，深化文明礼仪创建、公德行为倡导、志愿者服务、帮扶弱势群体和"和谐社区""和谐单位""和谐家庭"等文明创建活动，开办"文化大讲堂"，乡村（镇）和社区"文化礼堂"，培养市民良好的行为习惯和公德意识，从市民的日常行为入手，夯实品牌基础，注重关注弱势群体，构建多层面的社区教育体系，培养公共精神，树立文明观念，提升市民素质和追求卓越的能力，充分展现城市的人文关怀。

党的二十大报告指出："全面建设社会主义现代化国家，必须坚持中国特色社会主义文化发展道路，增强文化自信，围绕举旗帜、聚民心、育新人、兴文化、展形象建设社会主义文化强国，发展面向现代化、面向世界、面向未来的，民族的科学的大众的社会主义文化，激发全民族文化创新创造活力，增强实现中华民族伟大复兴的精神力量。"文化魅力是无穷的，人文力量是无比的。杭州塑造城市人文精神的实践表明，坚守中华文化立场，遵循中华人文法则，提炼展示中华文明的精神标识和文化精髓，必定会使中国特色人文城市，以更加迷人的风采展现在世界的东方。

践行人民城市理念 夯实人民健康基石
——上海市杨浦区打造"社区健康师"项目推动人文城市建设

谢坚钢

上海市杨浦区委书记

党的二十大报告指出，"坚持人民城市人民建、人民城市为人民"。作为人民城市理念提出地，近年来，上海市杨浦区深入践行人民城市理念，与上海体育学院党委联手，深化校区、园区、社区"三区联动"，精准聚焦社会健康管理新愿景和人民群众运动健康新期盼，共推"社区健康师"项目，以体医融合推动人文城市建设，助力体育强国、健康中国建设。

党建联建构筑健康城区"共同体"

以党建联建促思想共谋。2020年,杨浦区委、上海体育学院党委紧扣"四史"学习教育"铸魂、活学、做实"三位一体要求,以新时代、新思维、新视角,重温毛泽东同志"发展体育运动,增强人民体质"题词的内涵,践行初心使命。在该题词68周年纪念日,区校联合举办了"社区健康师"项目启动暨首场健康科普集市,以运动促进身心健康为目标,探索以"主动健康"为核心的社会健康管理新模式,让广大居民群众有了自己的"社区健康师",也让高校的健康体育专家可以把自己的论文"写"在丰富多彩的社区实践中。

以党建联建促资源共享。"社区健康师"项目以上海体育学院入选国家双一流学科建设的"体育学"为支撑,整合校、医、企优质资源,由党员师生联合奥运冠军、金牌教练、医务人员、科研人员等专业人士组成,定期定点深入居民社区、滨江水岸、园区楼宇、商圈市场等,围绕"吃、练、防、调"四个维度,提供健康服务清单。精准对接群众健康与健身需求,有效联动体育、卫生、民政、妇联、残联等部门力量,探索打造运动营养、科学健身、伤病防护、心理调适与在线服务项目"4+1"的多样化服务内容体系,提升基层健康服务管理能级。

以党建联建促阵地共建。区校通力合作,构建了滨江党群服务站、殷行市民健康党群服务站、绿瓦体育书店3个区级示范点和覆盖12个街道的社区基层服务点。"社区健康师"面向老年居民、全职妈妈、学校师生推出了办公室健身、武功整复等13个基础课程,为社区居民和企业员工等提供定制服务项目。在"社区健康师线上互动平台"开设"公益直播间",帮助市民打造自己的"健康清单"。在"社区健康师"微信服务号上发布健康科普图文、短视频、微课程等生动活泼的内容。

▶ 运动处方当好市民健康"守门人"

助力健康专业化发展。对于老年人而言，身体的"健康指数"直接关乎晚年生活的"幸福指数"。为应对老龄化挑战，杨浦着力推进"社区健康师"项目与老龄化进程相适应，建立试点工作机制，指导上海体院附属伤骨科医院将"智能步态训练与评估""光学运动捕捉与解析"等以往服务于专业运动员的技术实现"体转民"，并在定点街道的社区综合为老服务中心，配备体质一体监测仪、垂直律动沙发、全身协调训练机等，通过"社区健康师"一对一专业指导，为老人提供科学膳食营养、慢性病运动康复等服务。

助力健康处方化供给。基于目前医保制度主要发挥分担参保人疾病经济风险和保障居民健康需求作用的现状，杨浦聚焦"体育医学新技术纳入医保"等关键领域，出台《基于健康医保理念的"社区健康师"试点方案》，关口前移创新"运动处方"进医保，建立社区健康师+家庭医生+社区工作者"1+1+1"合作机制，荣获第五届"上海医改十大创新举措"第一名。通过健康档案的大数据筛查，家庭医生先确定糖尿病早期、脑卒中后遗症、老年腰痛等5类试点人群，再由"社区健康师"制订专业的运动干预方案，为居民群众和职业病患者开展持续性健康干预。

助力健康品牌化打造。杨浦积极加强"社区健康师"与"社区政工师"品牌融合联动，结合全国基层思想政治工作优秀案例"大家微讲堂"载体，举办"网红"思政课，邀请专家教授、奥运冠军围绕"促进全民健康、护航人民城市"等主题，宣传阐释体育精神，赋予运动健康新内涵，有效推进以体育人、以体育德。作为全国首批国家级体育产业示范基地和国家体育消费试点城市，杨浦孵化培育和引进集聚了一批体育产业细分领域领军型企业，市民日益增长的"动起来"愿望得到更好满足，也带动了"环上体运动健康带"的建设，湾谷智慧体育等园区将打造成为集"产、学、研、用"为一体的科创高地。

▶ 体医康养打造防疫强身"新样本"

顺应疫情防控新形势。"社区健康师"项目把线下服务内容向线上导入，形成线下线上良性互动的"社区健康服务圈"。2022年，杨浦推出"社区健康师"线上直播教学，打造心理调适系列新课程，推出中医养生功法、抗阻训练与心理调适（比如结合音乐和呼吸调节）相结合的系列康复课程，进一步让线上处方在疫情防控中发挥重要作用。针对疫情期间网红健身操带来的健身热潮，以及随之带来的运动损伤风险，"社区健康师"项目开发了系列防护直播教程，指导群众开展相关训练，提高肌肉和关节稳定性，防止运动损伤。

覆盖就学就业新群体。人人健康、人人幸福是时代的呼唤，也是百姓的期盼。伴随经济社会快速发展，人民生活水平不断提高，不同群体对健康运动的需求也呈现多元化趋势。为顺应市民群众运动细分化、方式个性化、类型差异化等情形，"社区健康师"项目在老年糖尿病患者健康干预、老年腰痛患者健康干预、运动损伤人群健康干预等 5 个原有试点项目的基础上，增设亲子小儿推拿、青少年脊柱侧弯干预、残障人士自强健身等新项目，健康干预覆盖面在老年人、职业人群的基础上，延伸到大学生、青少年、新就业等更多人群。

引领身心健康新时尚。杨浦依托数字化平台打造线上健身、运动直播的新时尚。"社区健康师"项目积极探索创新，在线上做好"体医康养"融合指导的同时，积极培育打造"网红"健康师，每年举办 3—5 期等级培训，增加 80—90 名"社区健康师"，打造更多身心调适系列新课程，包括居家体能锻炼、拉伸牵引训练、中医养生方法等，让居家锻炼方式多样化、趣味化。线上"运动处方"在常态化防控阶段促进市民健康水平提升方面发挥着重要作用，而运动产生的内啡肽、多巴胺等"快乐激素"更是有利于缓解抑郁、焦虑和其他消极情绪，从而改善心理健康，对协调邻里关系、夯实基层治理基础起到关键作用。

第六章

绿色城市

推进城市绿色发展是生态文明建设、实现"双碳"目标、以城带乡建设美丽中国的重要动力。在绿色发展理念指引下,各地正加快构建人与自然和谐共生的现代化绿色城市,落实绿色生态、绿色生产和绿色生活,提供富有现代城市特征的优质生态产品,不断满足人民群众日益增长的优美生态环境需要。

共同富裕背景下的绿色城市建设：内涵与路径

吴红列

浙江大学城市学院幸福城市研究院、共同富裕研究院院长、教授

吴旭

浙江大学城市学院幸福城市研究院、共同富裕研究院副研究员

共同富裕为绿色城市建设赋予了新内涵，绿色城市应肩负起共同富裕道路上空间治理单元、产品服务载体和创新驱动引擎的责任使命。同时，以共同富裕为目标的绿色城市建设也面临工作机制融合协调难、长短目标衔接过渡难、多维任务平衡协调难、新旧动能转换培育难等新挑战。在未来绿色城市建设过程中，要构建城市绿色共富治理新体系、筑牢城市绿色共富建设新基础、激活城市绿色共富发展新动能、实施城市绿色共富改革新机制。

党的二十大报告将实现全体人民共同富裕作为中国式现代化的本质要求，为深入实施新型城镇化战略提供了根本遵循。城市是现代化的重要载

体，也是人口最密集、污染排放最集中的地方。为此，全国多个城市已围绕生态、低碳、无废等绿色主题开展了一系列卓有成效的探索实践。

▶ 共同富裕赋予绿色城市建设发展新内涵

绿色城市应成为迈向共同富裕的空间治理单元

《中共中央国务院关于支持浙江高质量发展建设共同富裕示范区的意见》明确将建设文明和谐美丽家园展示区作为浙江高质量发展建设共同富裕示范区的战略定位之一，并强调经济社会发展要全面绿色转型，充分体现绿色作为共同富裕底色的内涵特征。在迈向共同富裕的征程上，绿色城市肩负着成为展示人与自然和谐共生现代化"重要窗口"的时代使命，更应成为未来城市的发展方向。

绿色城市应成为实现共同富裕的产品服务载体

良好的生态环境是最公平的公共产品，生态环境服务是基本公共服务的重要组成部分，而绿色城市则为生态环境产品服务供给提供了重要载体。绿色城市提供差异化的产品服务有助于实现惠民、利民、为民的共同富裕，增进不同发展阶段城市的民生福祉，即推动经济相对发达地区彻底摆脱资源依赖困境，实现生产、生活方式的绿色低碳转型，保持可持续增长；带动经济相对落后地区更好利用生态优势，通过实现生态价值转化弥补其他要素禀赋不足，实现高质量发展。

绿色城市应成为推动共同富裕的创新驱动引擎

以碳达峰、碳中和战略为核心的低碳发展是绿色城市的重要内涵，是一场广泛而深刻的经济社会绿色低碳变革，更是产业结构、生产方式、生活方式、空间格局的全方位转型，需始终坚持经济发展、共同富裕、绿色低碳、韧性安全的多目标平衡。为此，既要做到不能为了追求经济发展、能源安全和居民生活，而放松或舍弃对绿色的目标要求，更不能为了刻意追求过高、过快的绿色目标，而影响经济发展、能源安全和居民生活。可见，绿色城市建设具备高度系统性和协调性，存在巨大挑战，亟待机制变革和技术创新。具体来看，需要围绕构建绿色低碳的空间格局、推进区域协调发展、建立绿色低碳循环的产业体系、建立安全可靠的可再生能源系统和城市灾害防治体系、提供公平普惠的绿色产品等重要领域实施绿色城市创新行动，为推动共同富裕重点任务提供创新动能。

▶ 共同富裕背景下绿色城市建设面临新挑战

工作机制融合协调难

共同富裕工作和绿色城市建设工作涉及的政府部门较多，且两类工作重点差异较大、交集较少，目前在城市层面和部门内部均缺乏统筹绿色城市建设和共同富裕工作的组织架构和协调机制，造成组织架构不强、融合机制不清、协调力度不足等问题。在城市层面，由于共同富裕和绿色城市建设均属于跨部门综合性工作，较为重视的城市往往会成立市领导牵头的绿色城市建设工作领导小组和共同富裕工作领导小组，但工作重点任务不一致则可能导致两个小组难以形成有效合力。在部门层面，部分综合部门（如发展改革部门）可能会设置工作小组办公室或专班以统筹整体工作，而专业部门则可能仅指定一个部门协调整体工作，两类工作在不同部门内部也难以做到高效协调。

长短目标衔接过渡难

绿色城市创建的长期目标是形成绿色低碳高质量发展新模式，而在向其转型升级过程中，当前模式下的短期目标与新模式下长期目标衔接过渡难问题日益凸显。主要原因是共同富裕背景下绿色城市创建的短期目标仍需维持一定的经济发展速度和韧性，导致可用于绿色低碳转型的要素资源相对趋紧且难与共同富裕目标协同，如相关绿色发展专项资金普遍不足，共同富裕专项资金重点支持方向与绿色发展目标关联度不高等。科学合理衔接长短期目标是一个复杂但必须解决的问题。

多维任务平衡协调难

在经济发展、共同富裕、绿色低碳、韧性安全等四个维度目标任务平衡中寻求最优解，是绿色城市创建必须面对的问题，难度较大。现阶段，为保持经济合理增速和推动经济稳进提质，仍需践行有效竞争、效率优先的发展模式，与共同富裕目标平衡协调难；经济绿色低碳发展新动能切换仍需时间窗口，传统产业甚至是高碳产业仍需保留，与绿色低碳目标平衡协调难；可再生电力能源存在造成电网不稳定的潜在风险，城市生态水循环系统易受极端天气影响，垃圾焚烧处置设施环境邻避效应较强，与韧性安全目标平衡难。

新旧动能转换培育难

由于城市发展普遍存在化石能源技术和路径依赖的"高碳锁定"效应，即使在服务业占比较高的城市仍然存在制造业难转型、绿色低碳基础薄弱、引领示范新动能不足等问题。我国城市能源结构偏煤、产业结构偏重的情况在短期内难以得到明显转变，以火电为代表的旧能源基础设施和光伏为代表的新能源基础设施在转换过程中面临投资惯性带来的资产搁浅风险。例如，杭州市非金属矿物制品业、化学原料和化学制品制造业、纺织业、有色金属冶炼和压延加工业等高碳低效行业 2020 年应交增值税占制造业应交增值税总额 24%，仍是地方主要税源，难以在短期内实现产业"腾笼换鸟"。替代能源生产、能源节约、碳捕集与封存等绿色减排技术因"高碳锁定"效应难以形成规模化应用。以碳排放、生态产品价值等为代表的城市绿色统计核算基础仍需夯实、标准化水平仍待提升，摆脱"高碳效应"制度锁定的创新改革动力还不足。

迈向共同富裕的绿色城市建设路径

构建城市绿色共富治理新体系

一是优化空间治理体系。将绿色发展目标要求纳入城市经济社会发展中长期规划、市国土空间规划、专项规划，所辖区、县（市）相关规划要落实绿色低碳要求，把绿色发展理念融入城乡共同富裕现代化基本单元建设，科学合理开展空间布局规划，以提高单位建设面积增加值、降低单位建设面积碳排放为导向，进一步优化国土空间布局，引领新型空间格局高质量发展。积极推进重要产业发展区绿色低碳转型，建设产城融合、生态宜居的新城区，实现区域协同、错位发展。保障经济相对落后的生态功能区建设，优化创新耕地、林地等资源保护机制，加快推进承包地、宅基地改革试点，统筹安排生态、农业、城镇的功能空间。

二是优化数智控绿体系。以"城市大脑"为依托，建设碳达峰碳中和、减污降碳和生态产品价值核算等数字化绿色场景，推进城市建立自然资源账户、生态产品价值账户、温室气体清单账户和全行业重点排放单位碳账户等绿色账户。强化治理端应用，研究提出经济发展、共同富裕、绿色低碳、韧性安全四个维度平衡指数，强化目标分解、监测预警、全景展示等功能，实现全市、各区域绿色发展进程"一屏感知"。强化服务端应用，构建起支持企业和个人绿色发展综合服务体系，推进"云服务""区块链""人工智能"等数智技术在绿色市场领域中的应用，精准谋划推进"数智技术+绿色"的场景式示范试点，着力解决"绿证""碳积分""碳标签""碳排放权"等生态低碳产品的价值化实现渠道。

三是优化循环利用体系。引导建立企业小循环，推行重点产品绿色设计，引导企业在生产过程中使用环境友好型原料，推广易拆解、易分类、易回收的产品设计方案，提高再生原料的替代使用比例。强化重点企业清洁生产审核，促进企业余压余热和废物综合利用、能量梯级利用、水资源循环使用，加大高碳行业的低碳技术应用和绿色低碳产业替代。优化提升园区中循环，按照"功能布局合理、资源集约高效、产城深度融合"的要求，优化园区空间格局。围绕产业链、价值链"两链"提升，强化产业协同，实施产业链精准招商，推动园区产业循环链接和绿色升级，构建更加完善的绿色供应链。迭代升级开展园区智慧化管理平台，加强园区物质流、信息流、能量流管理与协同。着力畅通社会大循环，优化工农复合的循环体系，重点培育推广多样化复合型模式。以建筑垃圾和农作物秸秆回收利用体系建设为重点，做强资源化再利用产业链。大力推进生活垃圾减量化资源化，建设智慧高效回收处理体系，完善城乡废旧物资回收网络，不断推动"互联网＋回收"模式场景应用。

筑牢城市绿色共富建设新基础

一是推动建筑系统绿色低碳升级。把绿色低碳理念融入城乡共同富裕现代化基本单元建设，推行绿色城镇、绿色社区建设，以海绵城市建设带动增强城乡气候韧性。推进"智慧工地"建设，强化绿色设计和施工管理，提升新建居住建筑和公共建筑设计节能率，建设一批超低能耗示范建筑、（近）零能耗示范建筑，探索将超低能耗建筑基本要求纳入工程建设强制规范。全面提升城镇新建建筑中装配式建筑比例、钢结构装配式住宅累计建筑面积，逐步提高城镇新建建筑中绿色建材应用比例。在公共建筑能效改造中推广应用节能新技术、新产品、新设备，加强公共建筑节能监管，逐步扩大公共建筑用能监测覆盖范围。推进农村建设和用能低碳转型，推动城乡电力公共服务均等化，扩大农村天然气利用。

二是促进交通系统绿色低碳转型。构建水港、空港、陆港、信息港"四港联动"为核心的多式联运体系，推动大宗货物和中长途货物"公转铁""公转水"，加大"散改集"力度，完善铁路运输支线网络，发展"轨道+仓储配送""集装箱海铁联运"等运输新模式，推进冷藏、罐式等集装箱江海河联运。引导城市公交车、出租车、网约车新能源化更新，推进货运车辆大型化、厢式化、专业化发展，全面提升干线运输营运货车重型货车比重。发展智慧交通，提高货运实载率和里程利用率，规范发展网络货运等新业态。探索新能源车辆道路行驶优先权、停车优先权等政策，建立新能源汽车市场价格监测机制，探索对低收入群体施行购车补贴等具体措施。提高轨道交通、常规公交覆盖率，稳步提升中心城区公共交通机动化出行分担率，全面完善公共自行车、步行等慢行交通基础设施。

三是加强居民生活系统绿色低碳实践。推动消费产品结构绿色低碳化，加快培育发展绿色健康产品，健全体育产品、健康养老、户外体验等绿色服务产品供给。推广绿色产品认证国家试点经验，推进快递包装、绿色建材等绿色产品认证，加快实现汽车、电子电器、家具、建材、日化、纺织服装等与居民消费密切相关的领域绿色产品全覆盖。深入开展绿色产品消费示范试点，支持商场、超市等流通场所设置绿色产品销售专区，鼓励利用互联网平台拓宽绿色产品流通渠道推广"绿币兑换"长效运行机制，鼓励社会公众优先购买节水、节电等节能降碳产品。深入开展"≤N点餐""光盘行动"，鼓励适量点餐和使用低碳餐饮器具，推行减量化、复用化包装，探索简易包装和无包装配送。强化塑料污染治理，倡导居民使用布袋子、环保购物袋、菜篮子购物。

激活城市绿色共富发展新动能

一是更新迭代"非绿色"产业。遏制城市高碳低效行业发展，对高碳低效行业开展企业碳排放评价，对高碳低效行业所有增加值能耗超过上年度区域平均水平的项目实施碳排放等量或减量替代、产能减量置换。全面实施"机器人+""标准化+"行动，推广应用"互联网+""大数据+"技术，对纺织、化工、化纤等传统优势产业开展提效节能、降碳减污改造。研究重点行业、重点产业平台碳达峰对区域经济发展、共同富裕、韧性安全的影响，探索设立劳动者转型就业保障基金，对因企业腾退升级减少就业岗位造成失业或降薪的，做好员工就业安置、生活保障、再就业技能培训等工作，为存在再就业困难的劳动者提供临时补助。

二是大力发展"浅绿色"行业。建设低碳高效行业先进制造业集群，打造绿色低碳标志性产业链，提早布局氢能、储能、碳捕捉和封存等碳达峰碳中和相关产业。推广协同制造、服务型制造、智慧制造、个性化定制等"互联网+制造"新模式，推进制造业高端化、智能化、绿色化、服务化发展。推进绿色低碳工业园区、绿色低碳工厂创建，全面提升园区、企业的绿色低碳发展水平。探索将就业吸纳、税收缴纳等指标纳入绿色低碳园区、绿色低碳工厂评价指标。引导土地、能耗等要素向低碳高效产业倾斜，提高就业吸纳能力和工资水平。

三是做优做活"深绿色"产业。发展生态型农业，在保障永久基本农田面积和主要农产品产量基础上，继续深化"肥药两制"改革，有效减少化肥农药使用量，保持农药、化肥价格的平稳。推广生态农业技术，培育生态农业市场主体，生产绿色生态农产品，探索构建农业生态补偿机制。全面淘汰清理低效农机，完善农机报废更新政策，将先进适用、节能高效的农机具纳入农机购置补贴，降低农机设备碳排放。提升碳汇能力，深入实施"新增百万亩国土绿化""一村万树"等行动，积极推进生态廊道、生态绿道建设，推进森林城市与生态园林城市建设，打造"双林"城市群落，加大湿地保护力度。强化碳汇价值实现，建立碳汇监测核算体系，持续推进碳汇计量监测体系建设，建立符合城市实际的碳汇减排量核证机制。积极探索碳汇减排量多元化价值实现方式，建立健全生态保护补偿机制，探索建立将碳汇纳入生态保护补偿机制。

实施城市绿色共富改革新机制

一是创新绿色科技支持机制。以高碳低效行业节能降碳需求为导向，研发、引进国内外先进绿色低碳技术，转化应用电能替代、氢基工业等一批变革性技术，促进行业绿色转型升级。围绕可再生能源、储能、氢能、碳捕集利用与封存、生态碳汇等方面，实施一批以碳达峰碳中和为专题的科技创新项目。完善绿色科技创新支持政策，创新高层次人才引进和使用机制，建设一批企业高新技术研发中心、研发机构，打造一批具有国际顶尖水平的专业人才团队，鼓励高等院校、科研院所与企业开展合作，联合攻关突破碳达峰、碳中和等绿色低碳领域的关键核心技术。推动各领域龙头企业牵头组建创新联合体，推进科技成果转化应用。

二是改革绿色政策保障机制。加快建立健全城市碳排放统计核算体系，以"核算+速算"为基本框架，鼓励开展重点领域碳排放核算方法学研究，并形成国家或省级城市碳排放统计核算标准。面向重点行业重点领域，建立健全涵盖能耗、碳排放、环保、资源利用、经济产出的准入标准体系，提高新增项目准入门槛。建立完善可再生能源、绿色产品（服务）认证、工业绿色低碳等标准体系。健全金融支持绿色发展政策体系，引导金融机构创新绿色低碳金融产品和服务，探索以碳汇等生态产品为标的物的绿色金融信贷模式，支持符合条件的绿色产业企业上市融资和再融资，形成多元化绿色投融资渠道。探索建立碳汇补偿机制，将碳汇纳入生态保护补偿范畴。

三是完善绿色市场发展机制。加快拓展全国碳排放权交易市场覆盖行业范围。从减轻相关企业负担、增进市场灵活性出发，以平衡交易前后碳排放增量为基本点，探索与自愿碳减排市场相链接，整合用能权、排污权等多项环境权益的交易体系。鼓励城市在做好全国碳市场衔接基础上，建立区域自愿碳减排市场，开展城市间和市域内碳交易。开发多元化的碳金融交易与管理工具，开发应用区块链技术，如建立"公链+侧链"的企业级与个人级碳交易模式，营造活跃的城市碳交易市场。积极推动绿色电力积分试点、绿电交易等，探索更多市场化应用场景。

中国"绿都"综合评价体系构建的逻辑与实践

李红勋

北京林业大学经济管理学院教授

贺超

北京林业大学经济管理学院副教授

  新发展理念是习近平新时代中国特色社会主义思想的重要内容，是确保我国经济社会持续健康发展的科学理念。为进一步全面贯彻新发展理念，推动"两山"转化，本文在诠释新发展理念绿色要义的基础上，结合我国多地成功探索出的生态文明建设道路，凝练了"绿都"建设的科学内涵，构建了以绿色为发展底色，生态、经济、社会相协调的中国"绿都"综合评价体系。评价结果表明，"绿都"的评价和创建为城市人与自然相和谐的绿色发展提供了科学指导。

新发展理念的绿色要义

党的十八大以来,习近平总书记在深刻总结国内外发展经验教训,深入分析国内外发展大势的基础上,鲜明地提出创新、协调、绿色、开放、共享的新发展理念。党的二十大报告指出:"推动绿色发展,促进人与自然和谐共生。""尊重自然、顺应自然、保护自然,是全面建设社会主义现代化国家的内在要求。必须牢固树立和践行绿水青山就是金山银山的理念,站在人与自然和谐共生的高度谋划发展。"

绿水青山就是金山银山的绿色发展理念,不仅强调了保护资源和生态环境对于经济持续发展和人类生存的重要性紧迫性,拓展了人民美好生活需要和中国式现代化道路的内涵,而且突出强调了经济发展与生态环境保护的辩证统一关系。"绿色"作为新发展理念的重要组成部分,强调以绿色为底色,进而促进生态经济协调发展,以实现人与自然和谐共生。

其一,绿色是贯彻发展理念实践的普遍形态,是保护生态环境的体现,是坚持"两山"理念推动转化的关键。绿色是大自然的底色,尊重自然、顺应自然和保护自然要求加大对森林资源等的保护与发展。习近平总书记指出:"像保护眼睛一样保护生态环境,像对待生命一样对待生态环境。"

其二,绿色蕴涵着经济与生态的良性循环,意味着人与自然的和谐平衡。绿色不仅仅是单一的资源保护,是将环境资源作为社会经济发展的内在要素,把经济活动过程和结果的"绿色化"作为发展的主要内容和途径,最终实现经济社会发展和生态环境保护协调统一、人与自然和谐共处。

其三,绿色是践行"天人合一"与"生命共同体"自然生态观的必然选择。只有坚持绿色发展理念,才能保障生态环境的健康,也才能真正长久满足人民日益增长的优美生态环境需要，实现绿色宜居，提升民生福祉。

总而言之，绿色寄予着人类未来的美好愿景，是社会文明的现代标志，是新发展理念的核心要义。它是以人与自然的和谐共生为价值取向，将绿色作为发展主基调，坚持在发展中保护、在保护中发展，以生态文明建设为基本抓手，最终实现经济社会发展和生态环境保护的协调统一。

▶ 多地创建绿色都市的理论解析

森林是陆地生态系统的主体，决定了陆地生态系统的底色，在区域绿色发展转型中处于基础地位。近年来，多地在践行"两山"理念，全面贯彻新发展理念的工作实践中，成功探索出了一条以区域森林生态系统保护修复、森林生态产品产业转化、人居环境绿化美化来增强人民生态福祉，构建人与自然和谐现代化的发展道路。

福建省三明市就是这种实践路径的探索者之一，并于2019年6月将这条路径称之为"绿都"建设。此外，其他有关城市同期开展的"绿城"、国家森林城市、国家园林城市、优秀旅游城市创建，以及各类森林专项保护修复、山水林田湖草沙系统治理、"两山"转化等建设工程与"绿都"建设实乃殊途同归。为更好发挥"绿都"创建对推动区域绿色发展方式转型的引领作用，亟待从理论层面对"绿都"建设的科学内涵进行总结凝练，为更多加入"绿都"创建行列的城市提供科学指导，推动我国尽快全面建成人与自然和谐发展的现代化建设新格局。

绿色都市创建是对"两山"论断中所蕴含的社会经济发展与生态环境保

护的辩证统一关系的生动诠释。绿色都市创建是全面建设社会主义现代化国家新征程中践行"两山"理念，以森林生态系统保护、科学合理利用为突破口和重要抓手，全面推动区域发展方式转型、经济结构调整，着力创造更加良好的生产环境、优美宜居的生活环境的新思路、新举措。以森林生态系统为代表的生态环境是人类生活的自然前提与环境基础。绿色都市创建中的绿色还蕴含着经济社会与生态环境的良性循环，是人与自然命运共同体有机结合的体现。随着国民经济的快速发展，为满足人民对美好生活的向往，要积极贯彻绿色发展理念。而绿色发展是实现高质量发展的必经之路，是实现人与自然和谐相处的重要表现。绿色都市创建的目标是要推进区域森林生态保护利用与社会经济系统的协调发展，这不同于以往很多地区单纯注重森林生态系统的保护，也不同于以森林生态系统的经济利用为主的发展战略。

▶ 绿色都市创建是助推城市协调、创新发展的有效探索

首先，绿色都市创建要求区域内和区域间协调发展。绿色都市在建设中以经济社会系统的持续发展需求确定森林生态系统保护的底线，以经济社会系统需求的变化确定森林生态系统功能修复利用的方向，同时也要考虑到以区域森林生态系统功能服务潜力调整经济社会发展的模式和规模。另外，绿都的创建范围覆盖区域全境，强调全域创建和全域发展。同时也注重城乡统筹、城乡均等发展。

其次，绿色都市创建坚持全面统筹各系统协同发展。绿色都市创建是基于区域森林生态系统与经济社会系统之间的双向反馈关系确定创建内容，坚

持山水林田湖草沙系统治理，在创建过程中，既抓住了关键的森林生态子系统，也充分顾及与其他生态子系统的联系，统筹推进，系统实施。

再次，绿色都市创建以创新理念推动产业转型发展。在绿色都市的创建过程中强调"两山"转化，注重把"绿水青山"中蕴含的巨大生产力转化为实实在在的经济和产出，大力推行生态产业化，在稳定森林资源传统经济利用方式、不断提升资源利用效率的同时，大力抓好绿色新业态的培育，让生态产业成为区域经济社会持续发展的新动能。

最后，绿色都市创建是打造城市开放、共享生态新格局的积极实践。都市是人们进行现代化生产生活的聚集空间，人产城绿色融合一体发展是都市发展的新业态形式。绿色生态是人民美好生活的自然基础，绿色文化是实现人民对美好生活的向往的精神支撑，绿色价值是实现人民对美好生活的向往的价值取向。绿色生态、绿色文化、绿色价值统一在绿色都市发展理念之中，是人民美好生活的重要内容，是实现人民对美好生活的向往的根本保障。绿色都市的创建遵循开放共享理念，注重增强人民群众对森林生态改善红利的分享，致力于让人民群众在绿水青山中共享自然之美、生命之美、生活之美，以实现经济发展、生活富裕、生态良好的文明发展新型道路。

基于以上，将绿色都市统称为"绿都"，其内涵阐释为：以新发展理念为指导，以"两山"转化为目标，以陆地最大生态系统森林为底色，通过有效的林业绿色治理，构建完备的林业生态体系，创建发达的新型林业产业体系，形成森林资源系统和生态系统对经济社会高水平、可持续发展的有力支撑，最大限度增进人民生态福祉，实现生态、经济、社会相互协调的区域发展状态。

"绿都"建设综合评价研究

"绿都"创建是积极探索"两山"转化的重要实践，为更好地贯彻新发展理念，进一步发挥其对区域生态文明和绿色发展的引领带动作用，在"绿都"理论内涵的基础上，提炼形成"绿都"综合评价指标体系，并对相关城市的"绿都"建设现状进行科学测度与对比评价，为加快推进城市绿色转型，构建人与自然和谐的现代生态文明提供参考和指导。

"绿都"综合评价指标体系建立

依据"绿都"定义，"绿都"综合评价指标体系包括四个方面：其一，丰富的森林资源和良好的森林生态系统，这是绿都的底色和基调。其二，"绿都"建设强调森林生态系统与经济系统协调发展，要在维护森林生态系统可持续发展的基础上高效地发展当地经济，保障当地民生。其三，"绿都"建设更加注重森林生态系统与社会发展和谐共生、相得益彰。森林生态系统为公众提供良好生态公共产品，为公众提供游憩、娱乐和康养等活动的场所，以促进社会融合共享。其四，"绿都"建设需要有效的公共管理政策为其稳定发展提供制度保障。因此，绿都综合评价指标的建立需要在森林生态系统、经济系统和社会系统多种要素相结合的基础上，同时考虑公共管理政策的制度保障等。

基于以上，从六个方面构建"绿都"评价二级指标（见图6-1）。针对森林资源状况而言，选取"森林资源数量和质量"和"森林生态系统功能"

作为代理变量；针对社会经济发展水平，选取"林业产业发展"和"区域经济社会发展"进行衡量；针对社会民生福祉方面，选取"区域宜养宜居"作为二级指标。同时，考虑到森林生态系统固有的外部性与公共性特征，设置"林业绿色治理"二级指标作为制度保障的代理变量。以上六个二级指标共同构成"绿都"评价指标体系，相互联系且相辅相成。

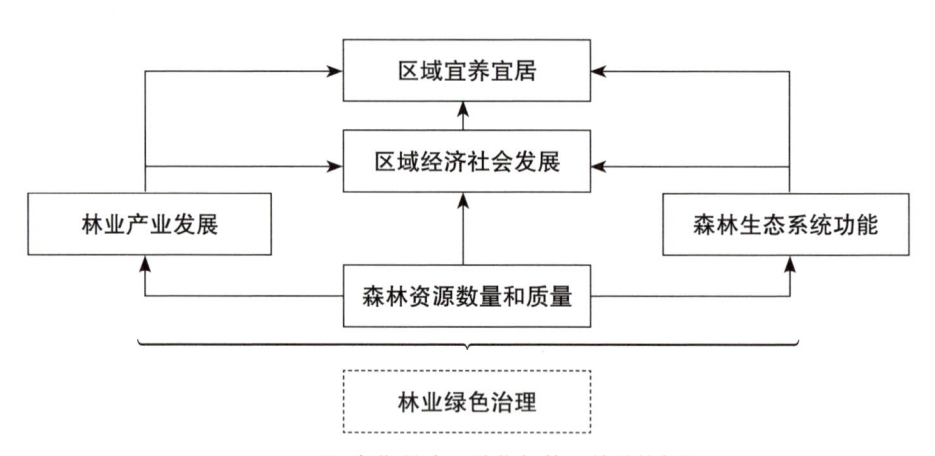

图 6-1 "绿都"综合评价指标体系的结构框架

▶"绿都"建设综合评价总体结果

2020 年开始，北京林业大学中国绿都研究院课题组收集全国地级市以上的 297 个城市基础数据，并基于绿都相关特定指标进行客观筛选，共有 54 个地级以上样本城市进入"绿都"评价范围内。课题组利用各级政府统计年鉴、统计公报、各类专项公报和政府官网中的公开和客观数据，采用科学、严谨、全面的评价方法，对筛选出来的待评价城市进行综合指数评价，得到各城市的综合得分。并根据得分对城市进行排名。2020年，北京林业大学中国绿都研究院发布2020年度中国"绿都"综合评价排名前十的城市，2021年再次发布"绿都"排名前二十的城市（见表6-1）。结果表明样本城市积极践行"两山"转化，推动生态文明建设。其中，福建省三明市连续两年位居综合评价榜首，北方的呼伦贝尔市和白山市、西部的林芝市和宜昌市也都榜上有名。

表6-1 中国"绿都"综合评价排名（前20名）

城市	排名	城市	排名
三明市	1	温州市	11
南平市	2	衢州市	12
丽水市	3	宁德市	13
呼伦贝尔市	4	郴州市	14
黄山市	5	漳州市	15
白山市	6	宁波市	16
龙岩市	7	林芝市	17
肇庆市	8	金华市	18
宣城市	9	宜昌市	19
柳州市	10	舟山市	20

▶ "绿都"创建综合评价结果分析

全面推动绿色发展是新时代生态文明建设的治本之策，"绿都"城市始终以"青山绿水是无价之宝"思想为指引，坚持人与自然和谐共生的新生态自然观，积极开展绿色行动，不断探索创新，大力实施"绿都"创建工作，真正做到了让绿色成为城市高质量发展的鲜明底色。"绿都"的创建推动全国各地城市的绿色发展，进入"绿都"排行榜的城市也成为"五位一体"建设、人与自然和谐共生的绿色时代榜样。

"绿都"创建推动"两山"转化取得显著成效。整体上全国各城市在积极实践"两山"转化，在生态文明和产业发展等方面取得显著成效。"绿都"的创建通过对森林资源的保护、森林生态系统的修复、人居环境的美化、林业产业体系的调整可以有效增加区域生态产品的供给、极大提升区域生态环境的质量。各城市在积极贯彻绿色发展理念，以生态文明建设要求为指引，大力推动"绿水青山"转化为"金山银山"。尽管"绿都"是由地方自主开展的建设活动，名称也不尽相同，但进入"绿都"榜单的城市均做到强化森林资源与生态建设保护，交出了一份高质量的生态文明建设"绿色答卷"。

绿都创建主要表现在：一是坚持绿色发展，实现森林扩面提质，为森林生态系统可持续发展奠定了基础；二是注重森林生态功能的提升，为生态服务产品价值实现提供支持；三是优化林业产业体系，实现林业产业的提质增效；四是区域经济社会协调发展，实现宜居宜养，形成人与自然和谐的绿色治理新格局。

"绿都"创建推动各区域协调发展。"绿都"创建积极贯彻新发展理念，推动区域内各系统与区域间的协调发展。一方面，"绿都"建设协调当地社会经济与生态自然系统和谐发展。尽管各城市间在绿色都市建设方面存在差异性，除受当地生态的资源禀赋制约之外，也会受到制度政策和社会经济发展等其他因素的影响。人类赖以生存和发展的自然系统，是社会、经济和自然的复合生态系统，是普遍联系的有机整体。各城市统筹兼顾，自觉推动绿色发展，建设生态文明，使生态系统功能和群众健康得到最大限度的保护，使经济、社会、文化和自然相互依存，良性循环。另一方面，"绿都"建设推动区域产业转型升级与协调发展。将绿色发展作为经济发展的新引擎，加快形成绿色发展方式，协调区域产业布局。通过培育壮大节能环保产业、清洁生产产业、清洁能源产业，发展高效农业、先进制造业、现代服务业，使资源、生产、消费等要素相匹配相适应，实现经济社会发展和生态环境保护协调统一、人与自然和谐共处。

"绿都"创建为实现社会共享发展提供支持。以新发展理念托起民生福祉是实现人与自然可持续和谐共生的关键。良好生态环境是最普惠的民生福祉，习近平总书记深刻指出："要牢固树立绿水青山就是金山银山的理念，加强生态保护和修复，扩大城乡绿色空间，为人民群众植树造林，努力打造青山常在、绿水长流、空气常新的美丽中国。""绿都"创建坚持共享发展，秉承以人民为中心的发展思想，走共同富裕的道路。通过保护与合理利用绿色资源，着力推动经济社会发展全面绿色转型，以实现社会资源要素共享，福祉普惠民生，不断满足新时代人民群众对美好生活的向往。

▶ 加快"绿都"创建的对策建议

为贯彻落实新发展理念，坚持人与自然和谐共生之路，逐步形成全社会绿色、低碳、循环、可持续的生产生活方式，推动生态良好、生活富裕、生产进步的中国式现代化发展道路。以进一步满足人民群众对美好生活的向往，实现协调开放、包容共享、美丽宜居的人与自然和谐发展的生态新格局，对未来"绿都"的创建提出以下三点建议。

一是坚持保护森林生态主体要求不动摇。生态文明建设是关系中华民族永续发展的根本大计，要坚持生态保护优先，实现保护与发展兼容。通过保护森林资源，提升生态承载力，扩大绿色容量，让绿色成为高质量发展的鲜明底色，最终实现高水平生态环境助力高质量发展。通过全力推进公园、绿地建设、增加森林面积，扩大优质生态产品供给，提升绿地复合功能，加强自然保护地体系建设，保护生物多样性，筑牢城市生态屏障。为推动绿色产业转型升级提供生态保障。促进绿色崛起，探索以生态优先、绿色发展为导向的高质量发展新路子，完善生态文明领域统筹协调机制，促进经济社会发展全面绿色转型。

二是坚持推动生态经济协调发展不动摇。以绿色经济助力生态优势转化为经济优势，持续推进"两山"转化实践，加快建设全面绿色转型发展示范绿色都市。政府要积极构建现代化林业治理体系，积极鼓励并引导相关企业参与绿都建设，以更高质量发展绿色产业，健全相关产业政策体系，着力形成绿色发展政策支撑体系。企业作为市场主体，在"双碳"战略背景下，加快转型升级，大力发展绿色经济、循环经济，推动森林生态服务产业化，实现森林生态价值。要致力于提高产业"含绿量"，拓宽"绿水青山就是金山银山"转化通道，把生态优势转化为发展优势。此外，要把科技创新作为促进"两山"转化的关键支撑，建立健全生态产品价值实现机制，让绿水青山持续发挥生态效益、经济效益和社会效益，推进生态经济协调发展，实现双赢。

三是坚持人与自然和谐共生不动摇。以大局观和整体观推进区域协调发展，以点带面，实现人与自然共生。一方面要充分发挥区域典型示范效应,深入发掘全国城市绿都建设潜力。"绿都"排名先进城市要继续充分发挥"绿都"示范效应,形成可复制借鉴的绿色发展模式,带动区域协调发展。"绿都"排名较靠后城市在借鉴先进城市经验的同时,要立足本市特色,探索适合本城市绿都建设的特色绿色发展之路。坚持以制度和科技融入,为森林生态保护与生态修复提供保障,最大化其生态功能。另一方面要共建社会共治共享新格局。以"绿都"作为城市名牌提高区域的知名度和美誉度,形成区域品牌。逐步建立由政府主导、企业主体、社会组织和公众共同参与的生态治理体系,建立专项领导小组,形成绿都建设规划方案,拓展生态空间,打造宜居环境。大力推进生态文明建设,提供更多优质生态产品,不断满足人民群众日益增长的优美生态环境需要。

综合来看,各城市要深入贯彻落实新发展理念,秉持共谋全球生态文明,构建和谐人类命运共同体。立足当地特色优势,加快推进产业生态化和生态产业化,以实现可持续发展之路。落实全社会绿色生态、绿色生产和绿色生活,绘就我国人与自然和谐共生现代化的美好蓝图,共同勾画"创新、协调、绿色、开放、共享"的美丽中国!

忠实践行绿水青山就是金山银山的理念，奋力推进生态宜居城市建设安吉实践

杨卫东

中共浙江省湖州市委常委、安吉县委书记

浙江省湖州市安吉县是绿水青山就是金山银山理念诞生地、美丽乡村发源地和绿色发展先行地，县名取自《诗经》"安且吉兮"，寓意着美丽幸福、平安和谐。2005年8月15日，时任浙江省委书记的习近平在浙江安吉县余村调研时，首次提出"绿水青山就是金山银山"的重要论述。多年来，安吉历届县委县政府团结带领全县党员干部群众，忠实践行绿水青山就是金山银山理念，始终坚持生态、生产、生活"三生融合"，奋力推进以县城为重要载体的城镇化建设，探索走出了一条生态宜居的山区城市发展之路。

激活城市绿色颜值，打造山水相拥的生态之城

近年来，安吉始终坚持"尊重自然、顺应自然、保护自然"的原则，推动自然亲近城市、城市融入自然，让"推窗见绿、出门见景、抬头见蓝"成为生活常态。着力强化生态管控。安吉深入实施主体功能区战略，建立以"三线一单"为核心的生态环境分区管控体系，率先启动自然生态空间用途管制试点，创新开展生态保护红线勘界定标与智能化监管，限制开发和禁止开发区域保持在县域国土空间的 80% 以上。深化生态保护补偿机制改革，探索开展生态系统生产总值核算，发布全省首个森林和湿地生态系统 GEP 专项核算成果。积极构建全民参与生态环境保护机制，发出全省首例"补植令"，开出全省首张"环境保护税完税证"。着力提升治理效能。安吉以浙江省"千万工程"为契机，聚焦生态环境突出问题，统筹推进"治水治气治土治矿治违"区域环境综合治理，着力构建美丽县城、美丽城镇、美丽乡村、美丽园区有机贯通的"四美"共建体系。系统推进山水林田湖草系统治理，全面提升自然保护区、自然公园、森林绿地等生态功能。先后发布全国首个《美丽乡村建设指南》《美丽县域建设指南》《"无废城市"建设指南》，切实以标准化建设引领生态环境治理体系和治理能力现代化。

着力优化城市形态

安吉以山水人产城和谐相融为导向，探索实施以天际线、山脊线、水岸线为边，人口密度、开发强度、建筑高度为界，色彩和谐性、风貌融合性、

环境协调性为标的"三线、三度、三性"全域美丽空间管控机制，强化城市立体空间、建筑风貌、文脉延续等规划设计。做深做足"七经七脉"山水文章，大力推进引山入城、引水穿城，打造一批百姓家门口的森林公园、滨水公园、河滨绿道，让市民望得见山、看得见水、记得住乡愁。增强城市绿色动能，打造激情迸发的创业之城。近年来，安吉始终坚持把"低成本创业、高品质生活"作为提升城市活力的价值追求，既提高经济发展质量，又提高人民生活品质。

▶ 全力繁荣绿色经济

安吉构建绿色低碳循环发展利益导向机制，实施企业亩均效益综合评价，加快"腾笼换鸟、凤凰涅槃"，近年来，先后整治淘汰"散乱污"企业超过全县企业总数的20%。严格执行项目、总量、空间"三位一体"准入制，实行"环评一票否决"，近年来先后否决环保不合格项目185个，成功招引天荒坪抽水蓄能电站等一批生态环境友好型项目。全国率先开展"两山银行"试点，探索建立农村集体经营性建设用地入市制度，有效激活了农村沉睡资源。全力推动城市更新。

安吉理顺城市开发体制机制，规划建设"两山"未来科技城、灵峰"智慧谷"，打造科技创新策源地、新兴产业集聚地、产城融合样板地。统筹开发城市地上地下空间，有序推进城中村、老旧小区改造，加快地下综合管廊、海绵城市建设，全面增强城市韧性。深入开展亮化工程，形成点、线、面交相辉映的城市夜景灯光体系。推动"城市运行一网统管"，以"绣花"功夫抓实垃圾分类、物业管理、城市治堵、公厕提升等关键小事。大力发展楼宇经济、流量经济、夜间经济，提高城市"时尚气质"和"活力指数"。全力优化营商环境。

安吉以数字化改革撬动引领各领域改革，大力推进未来社区未来乡村建设，迭代升级"互联网+政务服务"，积极推行"不见面"办事，推动实现"掌上办事、掌上办公、掌上治理"。深化企业全生命周期"一件事"改革，着力解决企业群众关注的"中梗阻"，打造亲清政商关系新生态。加大学校、医院等配套设施投入，深化医共体改革、"三医联动""六医统筹"改革，"入学难""看病难"等问题得以有效缓解。推进城市绿色共富，打造人民满意的幸福之城。

近年来，安吉始终坚持从社会全面进步和人的全面发展出发，不断破解城乡发展中的不平衡、不充分问题，推动实现"城里乡下一样美""农民居民一起富"。

▶ 大力实施共富工程

安吉探索建立资源、资产入股，农民拿租金、挣薪金、分股金的"两入股三收益"利益联结机制，谋划推进共富产业园、共富乡宿、共富公寓、五彩共富路建设，全面掀起新一轮共同富裕热潮。建立健全暂时性、永久性退出，保障教育、养老、住房的"两退出三保障"农村宅基地退出机制，有序推动农民融入城市。聚焦"一老一小"重点群体，加快小区"适老化"改造、托幼试点建设。构建"六无六有"综合救助体系，全面增强低收入群众兜底保障，确保共富路上"一个都不掉队"。

大力推进平安和谐

安吉高标准建设县乡村三级社会矛盾纠纷调处化解中心，深入推进"民主法治村"建设，发布全国首个民主法治村建设地方标准，创新"众人事情众人商量""群众说事室""'两山'议事会"等基层协商议事机制。紧盯城市社区治理难题，健全完善"村（社区）、网格、微网格（楼道、楼栋）"治理体系，打造"网格有约·美好城市"治理服务品牌。探索形成了以"支部带村、民主管村、生态美村、发展强村、依法治村、平安护村、道德润村、清廉正村"为主要特点的乡村治理"余村经验"。

大力深化精神文明

安吉设立全国首个县级"生态日"、每月固定一次的"生态文明集中推进日"和"生态主题党日"，烟花爆竹禁燃禁售、文明圈养、绿色殡葬等被群众所认可。深化新时代文明实践中心建设，大力发展城市社区新型睦邻文化，建强用好博物馆、图书馆、城市书房等文化矩阵，丰富城市文化菜单。实施文化基因解码工程，深入挖掘昌硕艺术、古城遗址文化等地域文化内涵，增添城市人文底色、品牌魅力。时隔十多年后，2020年3月30日，习近平再次来到安吉余村。他对村民说，余村现在已经在全国起到示范作用，他看好这里的发展后劲和潜力，并勉励村民要再接再厉，顺势而为，乘胜前进，芝麻开花节节高。站在新的历史起点上，安吉将牢记嘱托、接续奋斗，始终做绿水青山就是金山银山理念忠实践行者，推动美丽事业传承创新，高质量开启国际化绿色山水美好城市建设新篇章。

坚持以人为核心 推进新型城镇化发展

余永跃

武汉大学马克思主义学院教授、博士生导师，马克思主义理论与中国实践协同创新中心研究员

徐海辰

武汉大学马克思主义学院博士研究生

深入推进以人为核心的新型城镇化是新时代党中央做出的重大战略决策，是新时代中国特色社会主义坚持以人民为中心的基本方略在城镇化实践中的具体体现，也是实现城镇治理体系和治理能力现代化的现实需要。

▶ 新型城镇化体现了以人民为中心的根本立场

习近平总书记曾指出："现代化的本质是人的现代化。"不同于传统城镇

化以土地利用为核心的城市扩张开发模式，新型城镇化将关注点放到"人的城镇化"上来，更加突出人在城镇化过程中的本体地位，立足人民群众对美好生活的需求和自身发展的要求，以城乡统筹、城乡一体、产业互动、节约集约、生态宜居、和谐发展为基本特征，走出一条以人为本、四化同步、优化布局、生态文明、文化传承的中国特色新型城镇化道路。新型城镇化更加关注人民群众尤其是农民如何安居乐业的问题，更加注重如何在产业支撑、人居环境、社会保障、生活方式、群众素质等方面实现由"乡"到"城"的现代化转变，并使城镇化成果更多、更公平地惠及广大人民群众，建立起协调发展、共同繁荣的新型城乡关系。简而言之，新型城镇化始终坚持人民至上的价值立场，发展城镇为了人民、依靠人民、成果由人民共享，经济发展、社会保障等一切"物的城镇化"皆由"人的城镇化"这一需要来决定并为之创造坚实基础。

▶ 新型城镇化是促进人的全面发展的重要保障

习近平总书记曾强调："解决好人的问题是推进新型城镇化的关键。"从我国发展来看，改革开放以来，我国城镇化进程明显加快，取得了显著进展，但也出现了环境质量下降、人口城镇化滞后于土地城镇化等问题。随着中国特色社会主义进入新时代，以习近平同志为核心的党中央深刻把握我国城镇化发展规律，围绕新型城镇化作出重大战略部署。新型城镇化更加关注人的发展需要和利益诉求，强调加快农业转移人口市民化、优化城镇化空间布局和形态、推进新型城市建设、提升城市治理水平、推进城乡融合发展等具体手段，将"城"建设成能够满足和保障"人"健康生活、自由发展等需要的高品质生活空间，同时更加注重"人"的能力提升，从而使新型城镇化成为促进人的自由全面发展的重要保障。

▶ 新型城镇化是实现共同富裕的必由之路

习近平总书记指出："城镇化目标正确、方向对头，走出一条新路，将有利于释放内需巨大潜力，有利于提高劳动生产率，有利于破解城乡二元结构，有利于促进社会公平和共同富裕，而且世界经济和生态环境也将从中受益。"新型城镇化以人为核心，这里的"人"不是特指某一群体的"部分人"，而是包括城市、乡村等不同区域居民在内的"所有人"。一方面，新型城镇化的有效推进拓展了工业化和信息化的发展空间，带动了农业现代化的加速发展，促进了社会财富的快速积累，使中等收入群体显著扩大，更多居民可以享受高品质的城市生活。

另一方面，新型城镇化从全局性角度把握和优化发展格局，遵循东中西、城镇乡一体化发展原则，以城市群为主体形态推进城镇化，将城乡融合发展作为突破口，构建大中小城市和小城镇协调发展的新型城镇化空间形态。重点关注农民群众的权益问题，不断优化户籍制度、推动居住证制度改革，有序实现农业转移人口市民化；积极推进基本公共服务均等化，解决好农民最关心、最直接、最现实的利益诉求；健全城乡要素双向流动政策体系，构建城乡统一的劳动力市场，充分发挥城镇对乡村的带动作用，合理配置城乡资源要素，完善农村基础设施和公共服务，重点推进县城这一重要载体的建设，缩小城乡区域发展差距和居民生活水平差距，让全体人民共享新型城镇化的发展成果。

▶ 新型城镇化是推动永续发展的内在要求

习近平总书记曾强调，城镇建设要让城市融入大自然，让居民望得见山、看得见水、记得住乡愁。推进以人为核心的新型城镇化，意味着不仅要满足一代人对于美好生活的向往，更要在这一进程中实现中华民族一代代人的永续发展。这种永续发展内在地表现为精神文化的传承，外在地表现为生态环境的保护。一方面，新型城镇化在不断夯实经济基础、提高治理水平、完善基础设施以满足人民群众的物质生活需求时，也充分关注到人民群众的精神文化需要，在城镇化进程中强化对中华优秀传统文化的传承保护，运用城市资源有效促进传统文化的继承发展。同时，将城镇化建设与中华文明相融合，在城市建设和市民素质培育中融入中华优秀传统文化，让人民群众既能享受到现代社会的便利和舒心，又能感悟和传承传统文化的历史风貌，从而使城镇化建设形神兼备，让中华优秀传统文化和民族精神代代相传。

另一方面，新型城镇化是人与自然和谐共生的城镇化，突出强调绿色发展理念，大力推行清洁生产、发展绿色产业，打造蓝绿生态空间，引导城镇居民选择绿色健康的生活方式，建立健全绿色生活的基础设施和体制机制，积极构建绿色、低碳、循环的生态城镇体系，让城镇化的成果惠及子孙后代。

培育和壮大新型农业经营主体，推动新型城镇化发展

余永跃

武汉大学马克思主义学院教授、博士生导师，马克思主义理论与中国实践协同创新中心研究员

丁钟

武汉大学马克思主义学院博士研究生

▶ 能否处理好城乡关系，关乎社会主义现代化建设全局

习近平总书记提出："在现代化进程中，如何处理好工农关系、城乡关系，在一定程度上决定着现代化的成败。"[①] 城镇化是城乡协调发展的过程，不能以农业萎缩、乡村凋敝为代价。必须健全体制机制，形成以工促农、以

---

① 习近平在中共中央政治局等八次集体学习时强调。——编者注

城带乡、工农互惠、城乡一体的新型工农关系，坚持走以人为本、四化同步、优化布局、生态文明、文化传承的中国特色新型城镇化道路。

▶ 新型城镇化是以城带乡、以乡促城

城乡一体化的发展，一端连着城市，一端连着乡村。这不仅需要工业城市对农业农村的反哺与支持，也要深入推进乡村振兴从而更好地与新型城镇化协调发展、互惠一体，形成推动新型城镇化发展的双轮驱动。从理论上看，工业反哺农业、城市支持农村，就是强调城市要素流向农村。在实践中，若无法保证城市和乡村双向受益，工业反哺农业、城市支持农村很可能无法持续落实。因此，需要寻找一个主体，既使得城市资本流向农村能够落到实处，切实带动城乡关系发生变化；更要使得农村能够消化吸收城市流入的资本，真正带动农村社会发展，从而反过来为城市发展提供必要的补充。与传统的农业经营主体相比，家庭农场、农民合作社、专业大户、龙头企业等新型农业经营主体具有经营规模较大、经营方式集约、经营者素质较高、市场意识浓厚等特点，能容纳更多的人才、资金、技术等生产要素，可以更好地参与社会化大生产全过程，更加发挥解放和发展农村社会生产力、改善和提高广大农民群众生活水平的作用，因而更能适应新型城镇化发展的需要。

▶ 培育和壮大新型农业经营主体是加快农业现代化的必然选择

随着我国市场经济深入发展，农业生产服务分工更加精细，农民专业合作社、家庭农场等各类新型农业生产经营主体数量快速增加。2021年年末，全国有实际经营活动的农民专业合作社超过100万家，家庭农场近89万个。在新型农业经营主体数量不断增加的同时，由此衍生出来的社会化服务也不断扩展，从育种育秧、田间管理到收割收集，农业社会化服务功能不断健全，为农业稳产增产、保障国家粮食安全提供了重要保障。新型农业经营主体在应用新技术、推广农业机械化等方面发挥了重要作用。耕整机、联合收割机、自动饲喂机、制氧机等大中小型农业机械在新型农业经营主体中广泛运用。据统计，2021年全国农业机械总动力达到10.8亿千瓦，比2012年增加0.5亿千瓦，2013—2021年年均增长0.6%。规模化、集约化、市场化的新型农业经营主体，正成为引领现代农业发展的生力军，是人才、土地、资本等要素在城乡间双向流动的重要载体。

▶ 培育和壮大新型农业经营主体是共享发展成果的重要途径

新型农业经营主体数量的快速增加，对城乡之间的物流交通、信息传递等提出了新的要求，客观上促进了农村基础设施、公共服务设施的完善。农村公共基础设施建设稳步推进，农村信息化建设持续推进，农村基本实现全面通电、通公路和通电话，村内道路质量不断升级。2021年年末，87.3%的村通公共交通；99.1%的村进村主要道路路面为水泥或柏油；97.4%的村村内主要道路路面为水泥或柏油。农村信息化建设持续推进，2021年年末，99.0%的村通宽带互联网，94.2%的村安装了有线电视。农村基础设施的不断完善，有力推动了农业生产发展，2021年年末，有电子商务配送站点的村超过33万个，开展休闲农业和乡村旅游接待的村落近5万个，农村生产生活条件显著改善。

新型农业经营主体的发展和农村基础设施的完善，为提供更多就业岗位、吸引人才、留住人才创造了有利条件，归乡工作回乡创业成为不少年轻人的选择。

▶ 培育和壮大新型农业经营主体是优化产业布局的重要抓手

一方面，新型农业经营主体敢于运用新技术和生产机械，使其在城乡融合发展中具备承接发达地区城市转移产业的能力。另一方面，随着农村基础设施、公共服务设施的完善，逐渐打破了桎梏乡村产业发展的交通、物流、用电、用水等屏障，为新型农业经营主体承接发达地区城市转移产业创造了便利条件。随着农村农业生产力的发展和城乡之间交通运输网络的完善，城乡间一二三产业融合度不断加深，设施农业、无土栽培、观光农业、精准农业等新型农业生产模式快速发展。设施农业、无土栽培等新型农业生产模式突破了资源自然条件限制，改变了农业生产的季节性，拓宽了农业生产的时空分布，为城乡居民提供丰富的新鲜瓜果蔬菜。

与此同时，由新型农业经营主体主导的订单农业、农村电商、视频直播、冷链物流等农业新业态方兴未艾，对优化城镇规模结构，引导公共服务资源布局，推动小城镇发展与疏解大城市中心城区功能相结合，与特色产业发展相结合，与服务"三农"相结合发挥了重要作用，有力推动了新型城镇化发展。

探索中国特色绿色城市发展之路——杭州创建绿色城市的理论意义与启示

黄健

浙江大学文学院教授、博士生导师，曾任杭州市决策咨询委员会委员

党的十八大以来，习近平总书记高度重视城市建设，做出了一系列重要论述，指出："无论是城市规划还是城市建设，无论是新城区建设还是老城区改造，都要坚持以人民为中心，聚焦人民群众的需求，合理安排生产、生活、生态空间，走内涵式、集约型、绿色化的高质量发展路子，努力创造宜业、宜居、宜乐、宜游的良好环境，让人民有更多获得感，为人民创造更加幸福的美好生活。"在党的二十大报告中，又强调指出："要积极稳妥推进碳达峰碳中和，立足我国能源资源禀赋，坚持先'立'后'破'，有计划分步骤地实施'碳达峰'行动，深入推进能源革命，加强煤炭清洁高效利用，加快规划建设新型能源体系，积极参与应对气候变化全球治理。"习近平总书记的讲话，为我国城市治理走中国特色绿色发展之路指明了方向。

第六章 绿色城市

杭州是长江三角洲南翼重要的中心城市，浙江省省会，江南文化重镇，曾被意大利著名旅行家马可·波罗誉为"世界上最美丽华贵之都"和"天堂之城"，被联合国授予"人居最佳环境奖"，2009年被评为"国家森林城市"。早在2003年，中共杭州市委、市政府就提出实施环境立市战略，围绕创建"生态市"、打造"绿色杭州"的中心，注重发挥省会城市龙头、领跑、示范和带头作用，大力推进低碳城市建设，取得了瞩目成就。"2005年中国城市论坛北京峰会"首次发布的《中国城市生活质量报告》，杭州就被列为前五名，进入绿色发展高质量生活城市行列，连续十五年被评为"中国最具幸福感的城市"。这表明改革开放以来，特别是进入新时代发展时期，杭州确立以"品质发展"为核心城市发展理念，围绕"让我们生活得更好"的主题，打造绿色城市品牌，形成绿色城市"和谐创业"发展模式，提出在"十四五"时期，要建设2.5亿平方米绿色建筑，培育13个绿色生态城区试点。

2022年4月，杭州发布有关碳达峰碳中和实施意见，强调要重点抓好能源、交通等6大重点领域的绿色低碳转型，深化各类低碳（零碳）示范创建，倡导绿色低碳生活方式，助力有序地推进碳达峰、碳中和。根据实施意见，杭州各部门积极谋篇布局，从实施低能耗标准，提升建筑绿色品质，推进建筑低碳示范引领，培育绿色生态城区，推动可再生能源应用，提升既有建筑能效，以及推进绿色建材与绿色建造行动等七个方面着手，走好建筑领域绿色发展的"先手棋"，实现"新建建筑设计节能率达到75%、碳排放强度降低40%"的年度目标，为创建绿色城市先行一步，树立标杆。

杭州拥有江、河、湖、山交融的山水布局，有湿地、山泉与溪流的水系交融，自然生态环境优美。2020年3月31日，习近平总书记来到全国首个城市国家湿地公园——杭州西溪国家湿地公园，提出要把保护好西湖和西溪湿地，作为杭州绿色城市发展和治理的鲜明导向，统筹好生产、生活、生态三大空间布局，在建设人与自然和谐相处、共生共荣的宜居城市方面，创造出更多经验，打造绿色城市发展样板。

依据山水城市的特点，杭州坚持精准治污、科学治污、依法治污，加大力度、延伸深度、拓宽广度，确保生态环境质量稳中有进，持续改善。统计数据显示，到2021年年底，全市环境质量总体向好，环境空气优良率87.9%，市区PM2.5平均浓度28微克/立方米，全市碳排放已降至0.536吨二氧化碳/万元，市控以上断面水质达标率100%，水质优良率（达到或优于Ⅲ类比例）为100%。在此基础上，继续实施湿地保护三年行动，高水平推进西湖、西溪一体化保护提升工程，加强千岛湖（新安江水库）良好水体综合保护，提升湘湖、梦溪水乡等综合保护和利用水平，打造世界湿地保护与利用的典范。

同时，大力推动钱塘江、苕溪、大运河等流经杭州流域的治理与水生态修复保护，强化流域生态联防共治，实施运河山水景观连廊工程，持续提升三江两岸人文景观，打造江南园林城市。西溪湿地免票区域由原来的2平方千米增加到了5.79平方千米，推出"双西绿道""环西溪绿道"等，将西溪湿地真正打造成人民共享的绿色空间。

特别值得一提的是，为迎接原本2022年9月在杭州举办的第19届亚运会（延至2023年9月举办），在场馆和场地的规划和设计之初，杭州就坚持将绿色发展理念贯穿始终，如在建造、翻新运动场馆和亚运村时，就提出要遵循"规划先行，标准引领"的原则，将编制完成的《绿色健康建筑设计技术导则（亚运村部分）》，作为附件写入亚运村土地出让招标书，全程指导亚运村的规划、设计、建设、运营，为高品质的绿色生态城区的打造，提供绿色理念和技术支持，现总建筑面积约241万平方米的亚运村，由运动员村、技术官员村、媒体村、国际区与公共区组成，整体建设始终遵循"绿色、智能、节俭、文明"的方针，尤其是在全球关注的绿色低碳方面的工程实施中，打造样本，树立标杆，做出榜样。在创建绿色城市中，杭州探索的是一条中国特色绿色城市发展之路，不仅具有可借鉴、可参考、可操作的现实意义，同时也具有重要的理论价值和意义，其启示也是深刻的。

城市治理走绿色发展之路，是城市发展的必经之路。特别是在现代化进程中，城市化的出现，城市的建设发展，通过绿色价值理念来引领发展，进而提升整个国家核心竞争力，将是未来现代化发展的一个主要的方向。

以往人们通常将衡量现代化的成就，直接与一个国家、一个地区、一座城市的经济发展指标高低挂钩，即用GDP增长来衡量城市实力和发展，这虽然有一定的道理，但却不是根本宗旨所在。致力于幸福感研究的经济学家理查德·雷亚德（Richard Layard）就曾提出，经济政策制定不应盲目地追求单纯的经济指标增长，应走绿色革命的发展之路，以创造幸福为目标，从而获得人类社会的可持续性发展。2005年诺贝尔经济学奖颁发给经济学家罗伯特·奥曼（Robert Aumann）和托马斯·谢林（Thomas Schelling），以表彰他们通过博弈论的分析研究，揭示人类社会合作与冲突的奥秘，表明他们的研究成果在终极意义上，已使经济学开始摆脱以往单纯的理论、数据分析等工具性模式的束缚，朝着揭示经济发展与人类生活，特别是与人的生活品质紧密相连的方向发展，并提示人们，如果人类赖以生存的生态系统负担加重，过于依赖对自然资源的开采利用，人居环境不断遭到破坏，人为干扰因素的加剧，人民的生活质量就反而有可能出现下降，特别是生活幸福感不断下降，城市的发展前景也会显得十分暗淡。

正是从人与自然、人与社会，以及人与人，人与自我和谐发展的角度出发，创建绿色城市，引领未来城市发展方向，以不断提高人民生活品质为城市发展主旨，将是现代化城市充分展示人类文明发展成就的关键之举。

从人文维度来看，绿色的价值理念、功能，是具有历史、文化、哲学、社会学和城市治理等多重含义的，尤其是对于城市建设和发展实践而言，它所具有的是一种引领发展的价值功能。早在工业文明兴起之时，随着工业生产的规模化、集约化等功能的需要，一种不同于古代以集市、商贸等为特点和形态的新型现代城市应运而生。这种以组团化、规模化、标准化、区域聚集功能化为发展形态的特点，在给城市带来革命性变化的同时，也存在诸多妨碍人的生活和发展的弊端，出现了人与自然、人与社会、人与自我的分裂等异化现象。针对伴随工业文明兴起的城市发展所出现的种种异化现象，启蒙思想家就曾予以高度的关注，像卢梭就提出"回归自然"的发展理念。在他看来，自然的概念就包含了绿色的内涵，绿色是自然的本色，内含自然发展的规律特征，所以，"回归自然"不仅仅只是回到大自然，用大自然美丽来对照人类社会，同时也更是要回到人的本性自然，督促人类社会的发展要遵循自然之道，也即遵循自然规律，获得人与自然、社会和自我的协调发展。

中国历史和文化语境中的城市发展，本身就包含着与自然、与社会、与人与自我和谐共处的绿色价值理念。《易经》依据"天人合一"之理念，提出"凡人之生也，天出其精，地出其形，合此以为人。和乃生,不和不生"的观点，后来，董仲舒对此解释说："天地人，万物之本也。天生之，地养之，人成之。天生之以孝悌，地养之以衣食，人成之以礼乐。三者相为手足，合以成体，不可无也。"老子则在《道德经》中明确指出"天地人之道"，乃是"人法地，地法天，天法道，道法自然。"在这里，"道法自然"的理念，也就是尊重规律，返璞归真，亲近自然的绿色价值理念，为处理人与自然，人与社会，人与人和自我的关系，为人聚集而居的城市建设和发展，提供了充分的绿色价值和意义的支持。

进入新世纪发展时期，杭州提出"精致、和谐、大气、开放"的城市人文精神，为城市绿色发展构筑理论基石，引领城市发展方向。城市人文精神的提出，体现了杭州城市所具有的自信、开朗、进取、奋发的精神特征和包容、豁达、宽厚、博大、文明、健康的城市性格特征，也为城市绿色发展提供了价值资源。它既尊重杭州的历史，又描绘出杭州的发展现实状况和向未来积极拓展与延伸的发展趋向。"精致、和谐"是历史和文化，特别是江南文化赋予杭州城市绿色发展的价值资源，"大气、开放"是新时代杭州创建绿色城市，创造美好生活的真实写照与未来发展的价值取向，使城市绿色发展具有崇高的精神境界，深刻的文化、哲学、美学内涵，也向世界展示杭州是人们向往的乐土，是名副其实的人间天堂。具体来说，杭州创建绿色城市，探索中国特色绿色城市发展之路，其理论意义和启示，主要有以下几个方面的特点：

▶ 强调自然与人文的和谐统一

杭州城市自然环境优美，山水旖旎，形成了以西湖为中心，融周边山水自然景观和历史文化等人文景观于一体的城市景观。在创建绿色城市的总体规划中，强调自然与人文的和谐统一，注重把江南山水之灵秀，历史文化之悠久和区域民风民俗之淳朴等因素有机相融，突出地理环境之典雅与精致，体现江南秀美的美学风格，①表现自然生态系统中的生态环境、生态结构与历史人文特色的相互融合，和谐一致，突出秀美、柔曼、飘逸、隽永的审美特征和富有动感活力的绿色城市建设思路。尤其是"七山一水二分田"的自然地理结构，从高空鸟瞰杭州大地，展现在人们眼前的是一幅精美的巨型画卷：群山连绵、层峦叠翠、丘陵起伏、阡陌纵横。钱塘江似一条彩色的飘带，飘曳在群山之间，而一个个湖泊，恰似一颗颗明珠，镶嵌在绿色的大地上。显然，这种自然生态系统与城市历史人文的有机相融，就为杭州创建绿色城市增添了妩媚多姿的美学元素。在探路生态共富上，不断推进新时代美丽杭州建设，着重形成以钱塘江、富春江、新安江为轴线，联动运河、苕溪，串联各种山水资源，统筹自然水系、山体、湿地、绿地等多个生态资源系统，在多中心、多组团、多节点之间，构建绿色开敞空间和生态安全屏障，使城市山水相融、湖城合璧、拥江枕河、人水相亲，以保护健康、稳定、安全的自然和人文生态相融系统为核心，加快形成新时代美丽杭州的鲜明标识。

杭州先后实施了西湖、西溪湿地、运河、湘湖、市区河道等综合保护

---

① 如杭州左环西湖、富春江－新安江两个国家级风景名胜区，右抱千岛湖、大奇山、午潮山、富春江四个国家森林公园和天目山、清凉峰两个国家自然保护区，环境资源、生态资源得天独厚，特别是所辖的临安市，被国家授予"国家生态建设示范区"。在杭州地理环境结构中，既有郁郁葱葱、绿树环抱的群山，其中又有奇峰峭壁，美荫幽谷和碧波荡漾、水天一色的湖水，尤其是滔滔的京杭大运河、钱塘江，可以说，整个城市的自然环境，宛若"世外桃源"，独得山水之幽、花草之芳、虫鸟之乐的人与自然和谐之优美意境，具备造就富有特色的山水园林城市的自然条件和人文景观。

工程，旧城改造、庭院改善、"一绕四线""三江两岸""四边绿化""三改一拆""五水共治"等重点工程，并持续将城市扩绿列为年度为民办实事项目，年均新增绿地500万平方米以上，实现居民出门"300米见绿、500米见园"的实施目标。公开数据显示，杭州市森林面积1689万亩、森林蓄积量6790万立方米、森林覆盖率66.85%，位居全国省会、副省级城市首位，城区绿化覆盖率40.58%，公园绿地服务半径覆盖率90%，处于省会城市先进水平。在此基础上，积极推行全市域"林长制"，开展森林经营等林业碳汇交易，推动生态产品价值实现，发展壮大生态经济，建立健全生态保护补偿机制，统筹城乡环境保护工作，形成碳源和碳汇城乡互哺的新格局，为创建绿色城市做了大量的基础性工作。

基于自然与人文和谐统一的绿色理念，杭州积极贯彻落实生态文明思想，依据新时代发展的经济社会特点，注重依托数字经济优势，积极践行绿色低碳发展，加快转变经济发展方式，围绕产业结构和能源结构优化调整，深入开展工业、交通等重点领域节能减排和能效提升工作，积极探索城市以低碳经济为发展方向，市民以低碳生活为行为特征，政府公共管理以低碳社会为建设蓝图的绿色低碳发展道路，形成低碳经济、低碳交通、低碳建筑、低碳生活、低碳环境、低碳社会"六位一体"的发展模式。2022年6月，所辖的淳安县荣获第十一届中华环境奖，为该类别中唯一获奖县市。可见，杭州致力于创建绿色城市，充分地表现出了人民对于创造美好生活的热烈追求，在价值层面上展现出了"天人合一"的中国文化、中国哲学和美学思想，展示出自然与人文和谐统一的意义特征。

▶ 突出物质与精神的和谐统一

人民创造历史，包括物质与精神两个方面。从物质创造方面来看，杭州地处江南富庶之地，历史上就是钱塘江南北岸，乃至整个江南区域商贩活动的中枢。隋朝大运河的开发，以杭州为终端，使之成为"川泽沃行，有海陆之饶，珍异所聚，故商贾并辏"的江南重镇，唐、宋、元、明、清各朝代，一直都是全国水陆驿站交通枢纽。特别是南宋定都杭州，使整个城市发展进入鼎盛时期，呈现出"辇毂驻跸，衣冠纷集，民物阜藩，尤非昔比"的繁荣都市景象，一举成为全国的政治、文化、经济的中心，是物产丰富、商贾云集、经济发达的鱼米之乡，是名副其实的富饶之都、繁华之都。从现实发展的角度来看，杭州是长江三角洲南翼的经济重镇和区域经济、文化中心。改革开放以来，杭州国民经济迅速增长，经济总量一直保持全国省会城市和副省级城市前茅，可谓富甲一方，为创建绿色城市，推进绿色发展，奠定了深厚的历史基础。

进入新时代城市发展时期，在改革开放取得丰厚的物质财富的基础上，围绕绿色城市发展，杭州注重城市精神品质的提升，重点确立以"品质"为内核的绿色发展目标，致力于打造"生活品质之城""东方品质之城"城市品牌的打造，搞好以城市居民广泛参与构建多样化的城市品牌塑造活动，连续十八年举办城市"生活品质总点评"活动，有效地提高了城市居民精神素质和生活质量，制定了城市可持续性发展绿色、低碳生活指数，强化以实现城市居民个人发展和城市社会发展的有机统一为目标落实。在创建绿色城市过程中，杭州充分注意到城市竞争能力，除了体现在 GDP 总量等硬性要素的不断增长上，同时也更是体现在城市生产要素的新聚集和创新创造上，以及与此相关的城市财富创造能力，城市品格、品质、品牌及其广泛影响力等精神层面的软性要素上。

如果说以往在培育城市竞争力中，更多的是重视城市规模、区位优势、基础设施、经济实力、产业结构等物质静态面的变化，在创建绿色城市中，则更是要求在此基础上要重视城市环境、城市生态、城市人文精神等动态功能的提升，以不断增强城市吸引力、创新力、反应力和影响力，不断丰富城市精神的内涵，注重城市精神品质和境界的提升，塑造城市品牌，使城市核心竞争力更强，影响面更广。

基于物质与精神和谐统一理念，杭州注重推动创建绿色城市的精神实践，从加强低碳文化等绿色理念的传播普及入手，建造了全球第一家以低碳为主题的大型科技馆——中国杭州低碳科技馆，其主旨功能就是要致力于低碳科技普及、绿色建筑展示、低碳学术交流和低碳信息等绿色理念的广泛传播，让绿色成为市民，特别是青少年的生活理念，使之能够根植于青少年的精神发育和成长之中。同时，还组织专家编写低碳生活家庭行为手册，开展节能、减碳全民行动，建设低碳学校、低碳商场、低碳家庭、低碳社区、节约型机关等，推进生活垃圾分类回收和塑料污染治理，积极倡导节水节电节材，倡导绿色出行，优化城市道路的非机动车道，培养以绿色消费为特点的低碳品质生活方式，引导人们既在日常生活中，也在精神观念上，牢固地树立绿色生活观念。

随着数字时代的到来，杭州借助数字经济优势，结合未来社区建设和发展，充分利用数字化手段，进行广泛的绿色理念传播，依托未来社区驾驶舱、城市大脑等平台，逐步建立居民碳账户，碳积分制度，创新碳普惠机制，让个人减碳的行为转化为个人"碳资产"，从而形成良性循环，引导公众自觉地践行绿色低碳生活方式。

杭州创建绿色城市，表现出了对新时代城市治理模式变化的积极转变和调适，特别是将重心置于认知观念、生活方式和城市精神等内核要素上，使绿色文化成为城市竞争力的核心元素，成为城市创新和发展的重要价值取向，以便使城市在加快发展、增强综合实力中，能够更好地面对发展中出现的新情况、新问题、新矛盾，积极应对，不断提高城市综合治理能力，更好地把握城市发展规律，创新城市发展理念，破解城市发展中难题。正是在这个意义上，杭州创建绿色城市在物质和精神的双重层面上，体现了人民创造历史的精神写照和终极追求，并在城市文化层面上呈现出创造历史，推动历史向前发展的文明态势，不仅深刻地反映出城市日新月异发展的精神面貌，也充分地反映出人民作为城市的主人充满热情和活力的精神品格，以及与人共乐，与天地共乐的精神风采。

▶ 彰显现实与理想的和谐统一

创建绿色城市，对于杭州来说，既是城市现实发展的要求，也是理想价值的终极指向。从现实发展上来看，改革开放以来，特别是进入新时代，杭州城市建设和发展都取得了巨大成就，但也遇到一些发展中的新问题，其中就包括一些妨碍绿色发展的新问题。尤其是随着城市建设的高速发展，以及城市空间"摊大饼"式扩张，大量原来作为碳汇的植被和农田转变为建设用地，导致碳汇变成了碳源，使城市一时难以扭转高碳局面。

如何破解难题，这需要在城市观念、城市精神、城市治理、城市可持续性发展等层面上，予以认真审视和规划，彰显现实与理想的和谐统一。

杭州积极践行"紧凑型城市"发展理念，坚持城市布局的"大疏大密"，合理规划城市功能区块布局，加强土地节约集约利用，减少"摊大饼"式的城市扩张所带来的资源和能源浪费。在"十三五"期间，就积极谋划布局，出台政策，抓住节能降耗工作重心，有效提高能源的利用效率。先后对全市"百千万"重点用能单位，开展节能目标考核，对不合格企业责令整改，同时根据绿色城市规划要求，加大产业结构调整力度，加快主城区工业企业搬迁，倒逼企业转型升级，完成高耗能行业淘汰整治，为全市重新布局谋篇腾出用能空间。进入"十四五"时期，根据绿色能源政策，积极优化能源结构，大力发展太阳能光伏、风电、生物质能、新能源汽车、汽轮机、水电设备制造等新能源产业，推广清洁能源的综合利用。2021年，已实现主城区纯电动公交车化。

实现从源头上推动城市绿色发展，杭州认真研究制订低碳社区的评价体系和认定标准，打造了一批标杆性"低碳社区"，同时，又制定"绿色办公"计划，对办公大楼进行低碳化运行改造，推行"绿色学校"节能计划，培养学生低碳生活习惯，实施"垃圾清洁直运"，实现垃圾处理环节的低碳化。在此基础上，又积极探索建设能源的双碳数智平台，强化数智赋能，提升绿色城市数字化治理能力，形成以数字化为引领的绿色城市治理模式。

从城市发展的理想维度来看，绿色发展是杭州城市发展自始至终都坚持的目标、方向，也是未来发展的理想取向。相关研究表明，当城经济发展达到GDP人均3000美元时，城市生活消费就会出现由以往的物质消费为主导，开始转向以精神消费为主导，向以提高生活质量为主导的方向发展。城市经济发展模式也将开始由以工业制造业为主，向知识经济时代的智力型、服务型的产业转变。追求绿色健康的精神生活，将成为继小康生活，向富裕文明生活转变的一种新模式。杭州以宜居、宜业的良好环境吸引人才集聚，常住人口从2012年年末的947.1万人，增加至2021年年末的1220.4万人，增量居全国城市前列。全市人均GDP从2012年的8.58万元，提升至14.99万元，分别是全国、全省的1.85倍和1.33倍。按年平均汇率折算，杭州人均GDP为2.3万美元。对照世界银行最新标准，已达到了富裕国家水平。因此，杭州创建绿色城市，完全符合城市发展的实际情况和理想目标，体现了城市发展的现实与理想的和谐统一。

　　探索中国特色绿色城市发展之路，使杭州整个城市格局和精神气质焕然一新，得到优化发展，整个城市也更加美丽，更加迷人，展现出一种有形与无形、内在与外在、动态与静态有机结合的发展活力，尤其是绿色理念注入城市生活之中，成为城市精神本色、内韵，让人处处都能感受到城市所特有的一流的环境、一流的设施、一流的服务、一流的品质，成为人们所向往的人间天堂，为杭州城市的可持续性发展增添了新的动力。